Bibliografische Information der Deutschen Nationalbibliothek:

Die Deutsche Bibliothek verzeichnet diese Publikation in der Deutschen Nationalbibliografie; detaillierte bibliografische Daten sind im Internet über http://dnb.d-nb.de/ abrufbar.

Impressum:

Druck und Bindung: Books on Demand GmbH, Norderstedt Germany
ISBN: 9783668666344

Dieses Buch bei GRIN:

https://www.grin.com/document/417239

Moritz Braun

Aus der Reihe: e-fellows.net stipendiaten-wissen

e-fellows.net (Hrsg.)

Band 2719

Rauchverhalten von Jugendlichen. Lösungsansätze zur Verringerung des Tabakkonsums

GRIN Verlag

Staatliches Gymnasium Friedberg **Oberstufenjahrgang 2015/17**

S E M I N A R A R B E I T

Rahmenthema des Wissenschaftspropädeutischen Seminars:

Verhalten

W-Seminar im Fach: *Biologie*

Thema der Arbeit:

Vergleichende Analyse zum Rauchverhalten
von Jugendlichen und Lösungsansätze
zur Verringerung des Tabakkonsums

Verfasser/in: Moritz Braun Seminarkurs: 2WB

Abgabetermin: 08.11.2016

Bewertung	Note	Notenstufe in Worten	Punkte		Punkte
schriftliche Arbeit				x 3	
Abschlusspräsentation				x 1	
				Summe:	
				Gesamtleistung nach § 29 (7) GSO = Summe:2 (gerundet)	

Datum, Unterschrift des Kursleiters

Inhaltsverzeichnis

1. Einleitung und Aufgabenstellung

"Im Jahr 2013 starben in Deutschland rund 121 000 Menschen an den Folgen des Rauchens."[1] Diese große Zahl wird durch die lange Geschichte der Tabakpflanze und der Zigaretten herbeigeführt. Die Pflanzengattung Tabak hat ihren Ursprung in Nord- und Südamerika, wo sie schon vor 8000 Jahren von den Eingeborenen als natürliches Halluzinogen gekaut oder geraucht wurde. Die Pflanzen wurden sogar als Währung verwendet. Mit der Entdeckung Amerikas 1492 durch Kolumbus kam die westliche Welt in Kontakt mit dem Nachtschattengewächs. Im frühen 16. Jahrhundert entdeckten spanische Konquistadoren das Rauchen von Zigaretten bei den Azteken, die zerkleinerte Tabakblätter in Maisschalen einwickelten. Diese wurden erst circa hundert Jahre später durch Papier ersetzt. In der Mitte dieses Jahrhunderts wurde die Tabakpflanze erstmals in Europa angepflanzt, wobei sie vor allem als Medizin für Kopfschmerzen an den Adel vertrieben wurde. Die amerikanischen Kolonien begannen ebenfalls den kommerziellen Anbau und schon im 17. Jahrhundert, genauso wie die nächsten 200 Jahre, war Tabak das wichtigste Exportgut. Daraufhin verbreitete sich das Rauchen von Zigaretten in ganz Europa. Nach dem Krim Krieg von 1853-1856 wurde die Gewohnheit zu Rauchen von britischen Soldaten zurück in die Heimat gebracht. Dort stieg Philip Morris in die Zigarettenproduktion ein. Zu dieser Zeit wurden die Zigaretten noch von Hand gerollt. Dieser zeitintensive Prozess wurde mit der Erfindung der ersten Zigarettenrollmaschine 1879 in den USA beschleunigt. Mit ihrer Verbesserung 1886 wurde der Weg zur Massenproduktion geebnet.[2] Dadurch wurden Zigaretten auch für das einfache Volk erschwinglich und der Konsum in ganz Europa stieg.

Da die negativen Folgen des Zigarettenkonsums heutzutage der Gesellschaft bekannt sind, stellt sich die Frage, wieso das Rauchen immer noch so verbreitet ist, dass solche hohen Todeszahlen entstehen können. Dabei ist die Verbreitung des Konsums bei Jugendlichen besonders interessant. Deswegen fiel der Entschluss diese Seminararbeit, welche eine vergleichende Umfrage zum Rauchverhalten von Jugendlichen als Schwerpunkt hat, zu erarbeiten. In der folgenden Arbeit werden der Aufbau, die Durchführung und die Auswertung der Ergebnisse dieser Befragung dargestellt. Zusätzlich werden verschiedene Lösungsansätze zur weiteren Verringerung des Tabakkonsums, besonders den von Jugendlichen, vorgestellt.

---

[1] Tabakatlas Deutschland 2015, S. 48

[2] nach Application of Modern On-line and Off-line Analytical Methods for Tobacco and Cigarette and Sidestream Smoke Characterisation 2007, S.1f

2. Motive für den Tabakkonsum und dessen Auswirkungen auf die Gesundheit

2.1 Motive für den Konsum von Zigaretten

Das Verhalten Jugendlicher wird stark von der gegenseitigen Wahrnehmung der Umwelt bestimmt. Auf das Image wird großer Wert gelegt.[3] Darauf sind auch die Motive für den Zigarettenkonsum zu begründen. Gleichzeitig kann dadurch auch das Verhalten der Heranwachsenden durch Werbung oder Film beeinflusst werden. Mit dem Rauchen wollen die Heranwachsenden unabhängig, rebellisch und erwachsener wirken.[4]
Zusätzlich stellt das Rauchen für die Jugendlichen ein Symbol der Kontrolle da. Damit können sie frei über ihren Körper entscheiden. Außerdem wird durch ihr Verhalten so die Erwachsenenwelt provoziert, aber im selben Moment treten sie auch mit ihr in engeren Kontakt. Gleichzeitig befinden sich die Jugendlichen in einem Prozess der Identitätsbildung. Dabei ist auch die eigene Rolle in ihrem Freundeskreis wichtig. Viele rauchen nur, um diese Erfahrungen zu machen oder um mit den Freunden Schritt halten zu können.[5] Die erste Zigarette wird oft aus Neugier oder Nachahmung von Bezugspersonen geraucht. "In Befragungen nennen Jugendliche als Einstiegsgründe vorrangig das Ankämpfen gegen entwicklungsbedingte Spannungen, Versagungen und Belastungen oder die kommunikations- und kontakterleichternde Funktion von Zigaretten"[6]
Allgemein ist festzustellen, dass die Heranwachsenden übereinstimmende Ansichten der vermeintlich positiven Eigenschaften des Rauchens haben.[7]

---

[3] nach Zigarettenkonsum im Jugendalter - Bedingungen der Entwicklungen gesundheitlichen Fehlverhaltens - Eine Analyse der wissenschaftlichen Literatur 1992, S.123f

[4] nach a.a.O., S.172f

[5] nach Risikoverhalten und Gesundheitsbewußtsein bei Jugendlichen - Der Stellenwert von Rauchen und Alkoholkonsum im Alltag von 15- bis 20jährigen 1986, S.20f

[6] Risikoverhalten und Gesundheitsbewußtsein bei Jugendlichen - Der Stellenwert von Rauchen und Alkoholkonsum im Alltag von 15- bis 20jährigen 1986, S.16

[7] Jugendliche Raucher - Veränderung des Rauchverhaltens und Ansätze für die Prävention 2002, S.23

2.2 Auswirkungen des Tabakkonsums auf die Gesundheit

Zigarettenrauch besteht aus ungefähr 5300 Bestandteilen[8]. Viele davon sind Schadstoffe, die durch die Inhalation effektiv über die Lunge in den Blutkreislauf geraten. Dadurch wird praktisch jedem Körperorgan und dem gesamten Organismus geschadet. Als Folge droht eine Vielzahl von Krankheiten. Jedoch kann hier nur ein kurzer Überblick gegeben werden. Durch den Tabakkonsum laufen Raucher in Gefahr an chronischen Krankheiten, wie Herz-Kreislauferkrankungen, Diabetes Typ II oder Atemwegserkrankungen zu erkranken. Gleichzeitig steigt das Risiko akuter Erkrankungen der Atemwege, wie beispielsweise Grippe. Durch das Rauchen wird die Lunge am meisten geschädigt, wodurch Krankheiten wie die chronisch obstruktive Lungenerkrankung (COPD) auftreten können. Außerdem können verschiedene Krebsarten durch das Rauchen herbeigeführt werden. Dazu zählen vor allem der Lungenkrebs, aber auch Rachen-, Kehlkopf- oder Magenkrebs. Zusätzlich haben Raucher im Vergleich zu Nichtrauchern ein doppelt so hohes Risiko Schlaganfälle zu erleiden. Gerade bei Schwangerschaften stellt das Rauchen ein großes Gesundheitsrisiko, sowohl für die Mutter als auch das Kind dar. [9]

"Für Tabakrauch kann kein Grenzwert festgelegt werden, unterhalb dessen keine Gefährdung für die Gesundheit anzunehmen ist."[10]

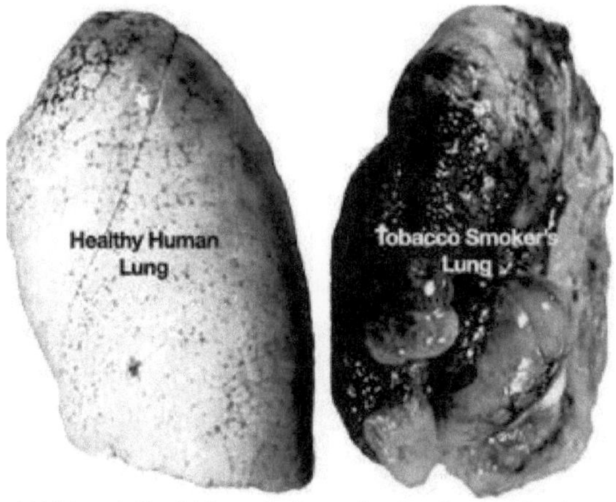

Abbildung 1: Vergleich von der Lunge eines Rauchers und der eines Nichtrauchers

[8] nach Tabakatlas Deutschland 2015, S.10
[9] nach Tabakatlas Deutschland 2015, S.26f
[10] Tabakatlas Deutschland 2015, S.10

3. Umfrage

3.1 Der Umfragebogen und die Umfragekriterien

Ziel der Umfrage ist es, das Rauchverhalten Jugendlicher verschiedener Klassenstufen und Schultypen zu untersuchen, um dieses dann nach Geschlecht, Klassenstufe und Schulform zu analysieren. Dafür wurden die siebte, neunte und elfte Klassenstufe zur Befragung ausgewählt, da es unwahrscheinlich ist, dass der Konsum von Zigaretten in den niedrigeren Stufen in nennenswerter Weise verbreitet ist. Gleichzeitig wird durch den Altersunterschied von jeweils zwei Jahren zwischen den Klassenstufen ein möglichst großer Altersquerschnitt abgedeckt. Da es keine elfte Klasse an der Mittel- und Realschule gibt, wurden als Alternative dafür die elften Klassen einer Fachoberschule in Betracht gezogen. Der Umfragebogen besteht aus 22 Fragen, bei denen hauptsächlich aus vorgegebenen Antworten auszuwählen ist. Manchmal sind auch mehrere Antworten möglich. Er ist im Anhang zu finden. Bei allen Schülern wird der gleiche Umfragebogen verwendet. Die Teilnahme findet in anonymisierter Form statt. Hautsächlich soll herausgefunden werden, inwiefern der Konsum von Zigaretten, Shisha oder E-Zigarette/E-Shisha im Alltag der Jugendlichen verankert ist. Dazu werden die Teilnehmer beispielsweise zu ihren Motiven, Raucher beziehungsweise Nichtraucher zu sein, dem Rauchverhalten ihres direkten sozialen Umfelds und der Intensität des jugendlichen Zigarettenkonsums befragt.

Die Jugendlichen schätzen sich selbst ein, ob sie Raucher oder Nichtraucher sind. Dadurch hängt die Auswahl auch von der subjektiven Einschätzung und Definition des Begriffs „Raucher“ des Befragten ab. Das Gleiche gilt auch für die Angabe, ob Eltern oder Geschwister Raucher sind. Bei den meisten anderen Fragen sind die Befragten aber gezwungen sich in feste Kategorien einzuteilen, da feste Antworten vorgegeben sind. Als Nieraucher gelten alle, die noch nie in ihrem Leben eine Zigarette geraucht haben.

3.2 Die Durchführung der Umfrage

Nachdem der Umfragebogen ausgearbeitet war, wurde bei den Schulleitern der Mittelschule Friedberg, der Konradin-Realschule Friedberg, des Staatlichen Gymnasiums Friedberg und der Fachoberschule Friedberg um Erlaubnis gebeten, die Umfrage durchführen zu dürfen. Das Anschreiben an die Realschule ist exemplarisch im Anhang zu finden. Alle Schulen erlaubten die Befragung bis auf die Fachoberschule, welche eine Genehmigung vom Schulministerium verlangte. Nach Rücksprache mit dem Seminarleiter wurde beschlossen, die Fachhochschule von der Umfrage auszuschließen, da der Genehmigungsprozess wahrscheinlich zu aufwendig und langwierig gewesen wäre.

Der Direktor der Realschule und die Direktorin der Mittelschule drückten Interesse an den Ergebnissen der Befragungen aus, woraufhin ihnen diese mitgeteilt wurden. Die Umfrage zum Rauchverhalten Jugendlicher wurde vom Juni bis Juli 2016 in den folgenden Klassen durchgeführt:

- 7a, 7bgt, 7cM, 9a, 9bgt, 9cM und 9dM der Mittelschule Friedberg
- 7a, 7b, 7c, 9a, 9b und 9c der Konradin Realschule Friedberg
- 7a, 7b, 7c, 9a, 9b, 9c, 1b1, 1b2 und 1b3 des Staatlichen Gymnasiums Friedberg

Da es sich bei den Schülern um Minderjährige handelte, musste das Einverständnis der Erziehungsberechtigten zur Umfrageteilnahme eingeholt werden. Dies geschah in Form eines Elternbriefes, der den Hintergrund, den Ablauf und das Ziel der Umfrage vorstellt. Dieser befindet sich im Anhang. An einem, mit den Lehrkräften, vereinbarten Termin wurden die jeweiligen Klassen besucht, um die Schüler mithilfe des Fragebogens zu ihrem Rauchverhalten zu befragen. Nur die Schüler, die die Einverständniserklärung der Eltern abgegeben hatten, nahmen Teil und füllten den Bogen aus. Davor wurde dieser ihnen vorgestellt und erklärt. Anschließend wurden die ausgefüllten Blätter verdeckt eingesammelt, um die anonymisierte Form zu gewährleisten. Unglücklicherweise variierten die Klassengrößen und der Anteil an Teilnehmern stark, wodurch die Anteile der verschiedenen Schulformen beziehungsweise Klassenstufen nicht gleich groß sind. Insgesamt wurden 371 Jugendliche, davon 171 weiblich und 200 männlich, befragt. 203 der Teilnehmer besuchen das Gymnasium, 82 die Realschule und 86 die Mittelschule. Anschließend wurden die Umfragebögen bezüglich Geschlecht, Schulform und Klassenstufe ausgewertet. Dies geschah mit Hilfe von Excel-Tabellen, in denen die ausgezählten Antworten auf die jeweiligen Fragen eingetragen wurden und der entsprechende prozentuale Anteil, auf eine Dezimalstelle gerundet, berechnet wurde. Gleichzeitig wurden mehrere zusammenfassende Tabellen für die unterschiedlichen Schultypen und Klassenstufen angelegt, um unterschiedliche Analysen zu ermöglichen.

3.3 Ergebnisse

Aus Gründen der Übersicht und des Umfangs wird hier nur ein Auszug der Ergebnisse dargelegt. Die veranschaulichenden Diagramme der Befragung sind vollständig im Anhang zu finden.

Auswertung nach dem Geschlecht:

Insgesamt ordneten sich 5,7% den Rauchern und 94,3% den Nichtrauchern zu. 70,4% gehören zu den Nierauchern. Das Durchschnittsalter der ersten Zigarette liegt bei 13,93 Jahren und es werden 4,27 Zigaretten durchschnittlich am Tag geraucht. Bei den Mädchen sind 5,3% Raucherinnen und 94,7% Nichtraucherinnen. 73,3% der Mädchen sind Nieraucher. Die Teilnehmerrinnen rauchen die erste Zigarette durchschnittlich mit 14,04 Jahren. Der Mittelwert an konsumierten Zigaretten beträgt 3,25 Stück. Bei den Jungen sind 6,0% Raucher, 94,0% Nichtraucher und 67,5% Nieraucher. Sie konsumieren die erste Zigarette mit 13,45 Jahren und rauchen durchschnittlich 4,91 Zigaretten pro Tag.

Bei der Frage, wie oft sie Zigaretten rauchen würden, antworteten 84,9% aller Teilnehmer mit nie, 11,3% mit gelegentlich, 1,3% mit häufig und 2,4% mit täglich. Bei den Mädchen antworteten 86,0% mit nie, 12,3% mit gelegentlich, 0,6% mit häufig und 1,8% mit täglich. Bei den Jungen gaben 84,0% nie, 10,5% gelegentlich, 2,0% häufig und 3,0% täglich an.

<u>Einfluss der Verwandtschaft:</u>

29,9% der Eltern und 10,8% der Geschwister sind Raucher. Dabei haben 81,0% der Raucher ebenfalls rauchende Eltern und 38,1% rauchende Geschwister. 36,8% der Mädchen haben rauchende Eltern und 11,7% rauchende Geschwister. Alle rauchenden Teilnehmerinnen haben rauchende Eltern. 33,3% haben ebenfalls rauchende Geschwister. 24,0% der Eltern und 10,0% der Geschwister der männlichen Befragten rauchen. 66,7% der Raucher haben rauchende Eltern und 41,7% ebenfalls rauchende Geschwister.

<u>Einfluss des Freundeskreises:</u>

Auf die Frage, wie die rauchenden Befragten ihren Freundeskreis einschätzen würden, gaben 19,0% hauptsächlich Nichtraucher, 52,4% eine Mischung aus Rauchern und

Nichtrauchern und 28,6% hauptsächlich Raucher an. Von den Nichtrauchern sind 72,6% mit Nichtrauchern, 24,9% mit einer Mischung und 2,6% mit Rauchern befreundet. Der Freundeskreis der weiblichen Raucher besteht bei 11,1% aus Nichtrauchern, bei 55,6% aus einer Mischung und bei 33,3% aus Rauchern. 76,5% der Nichtraucherinnen sind mit Nichtrauchern, 21,6% mit einer Mischung und 1,9% mit Rauchern befreundet. Auf die Frage antworteten 25,0% der männlichen Raucher mit Nichtrauchern, 50,0% mit einer Mischung und 25,0% mit Rauchern. Der Freundeskreis der männlichen Nichtraucher besteht bei 69,1% aus Nichtrauchern, bei 27,7% aus einer Mischung und bei 3,2% aus Rauchern.

Einstiegsgründe:

Als Grund für den Einstieg ins Rauchen nannten 19,1% Stress, 13,8% Langeweile, 4,3% Rebellion gegen Vorbilder, 36,2% ihre Freunde und 9,6% schlechte Vorbilder. 17,0% wollten es nur ausprobieren. Die Mädchen antworteten zu 19,4% mit Stress, 3,2% mit Langeweile, 3,2% mit Rebellion gegen Vorbilder, 32,3% mit ihren Freunden und 12,9% schlechte Vorbilder. 29,0% von ihnen probierten es nur aus. 19,0% der männlichen Befragten gaben Stress, 19,0% Langeweile, 4,8% Rebellion gegen Vorbilder, 38,1% ihre Freunde und 7,9% schlechte Vorbilder als Antwort an. 11,1% der Jungen rauchten nur, um es zu testen.

Nichtrauchergründe:

Als Grund Nichtraucher zu sein, gaben 31,2% an, noch nie angefangen zu haben, 17,1% die hohen Kosten, 34,2% gesundheitliche Gründe, 12,7% den schlechten Geschmack und 1,2% den Gestank. 3,6% würden eine Außenseiterrolle als Raucher einnehmen. Als Grund Nichtraucher zu sein nannten 34,0% der Mädchen, dass sie noch nie angefangen haben, 15,7% die hohen Kosten, 35,3% die gesundheitlichen Gründen, 10,9% den schlechten Geschmack und 1,9% den Gestank. 3,6% wären eine Außenseiterin als Raucherin. 29,0% der Jungen haben nie angefangen. 18,2% werden abgeschreckt von zu hohen Kosten, 33,2% wegen gesundheitlichen Gründen, 14,2% vom schlechten Geschmack, 4,8% von der Außenseiterrolle und 0,5% vom Gestank.

Auswertung nach der Schulform

Am Gymnasium sind 4,4% Raucher und 95,6% Nichtraucher. 69,0% gehören zu den Nierauchern. Das Durchschnittsalter der ersten Zigarette liegt bei 13,95 Jahren und es werden im Mittel 2,27 Zigaretten täglich geraucht. Bei der Realschule sind 2,4% Raucher und 97,6% Nichtraucher. 72,0% der Realschüler sind Nieraucher. An der Realschule wird die erste Zigarette durchschnittlich mit 12,95 Jahren geraucht. Der Mittelwert an konsumierten Zigaretten beträgt 4 Stück. Bei der Mittelschule sind 11,6% Raucher, 88,4% Nichtraucher und 72,1% Nieraucher. Sie konsumieren die erste Zigarette mit 13,33 Jahren und rauchen durchschnittlich 5,67 Zigaretten pro Tag.

Bei der Frage, wie oft sie Zigaretten rauchen würden, antworteten 84,7% aller Gymnasiasten mit nie, 13,3% mit gelegentlich, 1,0% mit häufig und 1,0% mit täglich. Bei den Realschülern antworteten 86,6% mit nie, 9,8% mit gelegentlich, 1,2% mit häufig und 2,4% mit täglich. Bei den Mittelschülern gaben 83,7% nie, 8,1% gelegentlich, 2,3% häufig und 5,8% täglich geraucht zu haben an.

<u>Einfluss der Verwandtschaft:</u>

20,2% der Eltern und 8,4% der Geschwister von Gymnasiasten sind Raucher. Dabei haben 55,6% der gymnasialen Raucher ebenfalls rauchende Eltern und 55,6% rauchende Geschwister. 41,5% der Eltern und 13,4% der Geschwister der befragten Realschüler rauchen. Alle rauchenden Realschüler haben rauchende Eltern aber keine rauchende Geschwister. 41,9% der Mittelschüler haben rauchende Eltern und 14,0% rauchende Geschwister. Alle rauchenden Mittelschüler haben rauchende Eltern. 30,0% haben ebenfalls rauchende Geschwister.

<u>Einfluss des Freundeskreises:</u>

Auf die Frage, wie die rauchenden Gymnasiasten ihren Freundeskreis einschätzen würden, gaben 44,4% hauptsächlich Nichtraucher, 55,6% eine Mischung aus Rauchern und Nichtrauchern und 0,0% hauptsächlich Raucher an. Von den gymnasialen Nichtrauchern sind 75,3% mit Nichtrauchern, 23,2% mit einer Mischung und 1,5% mit Rauchern befreundet.

Die Frage beantworteten 0,0% der Raucher der Realschule mit Nichtrauchern, 50,0% mit einer Mischung und 50,0% mit Rauchern. Der Freundeskreis der nichtrauchenden Realschüler besteht bei 73,8% aus Nichtrauchern, bei 23,8% aus einer Mischung und bei 2,5% aus Rauchern.

Der Freundeskreis der rauchenden Mittelschüler besteht zur einen Hälfte aus einer Mischung und zur anderen aus Rauchern. 64,5% der Nichtraucher der Mittelschule sind mit Nichtrauchern, 30,3% mit einer Mischung und 5,3% mit Rauchern befreundet.

<u>Einstiegsgründe:</u>

Als Grund für den Einstieg ins Rauchen nannten 17,0% der Gymnasiasten Stress, 9,4% Langeweile, 5,7% Rebellion gegen Vorbilder, 43,4% ihre Freunde und 3,8% schlechte Vorbilder. 20,8% wollten es nur ausprobieren. Die Realschüler antworteten zu 10,5% mit

Stress, 21,1% mit Langeweile, 5,3% mit Rebellion gegen Vorbilder, 36,8% mit ihren Freunden und 15,8% schlechte Vorbilder. 10,5% von ihnen probierten es nur aus. 10,5% der Befragten der Mittelschule gaben Stress, 21,1% Langeweile, 5,3% Rebellion gegen Vorbilder, 36,8% ihre Freunde und 15,8% schlechte Vorbilder als Antwort an. 10,5% der Mittelschüler rauchten nur, um es zu testen.

Nichtrauchergründe:

Als Grund Nichtraucher zu sein gaben 29,4% der gymnasialen Schüler an, noch nie angefangen zu haben, 17,7% die hohen Kosten, 34,0% gesundheitliche Gründe, 13,6% den schlechten Geschmack und 1,4% den Gestank. 3,8% würden eine Außenseiterrolle als Raucher einnehmen. 33,3% der Realschüler haben nie angefangen. 15,6% werden abgeschreckt von zu hohen Kosten, 36,3% von gesundheitlichen Gründen, 10,4% vom schlechten Geschmack, 4,4% von der Außenseiterrolle und 0,0% vom Gestank. Als Grund Nichtraucher zu sein nannten 34,8% der Mittelschüler noch nie angefangen zu haben, 16,7% die hohen Kosten, 32,6% die gesundheitlichen Gründe, 12,1% den schlechten Geschmack und 1,5% den Gestank. 2,3% der Schüler der Mittelschule wären ein Außenseiter als Raucher.

Auswertung nach der Klassenstufe

In der elften Klasse sind 10,3% Raucher und 89,7% Nichtraucher. 41,2% gehören zu den Nierauchern. Das Durchschnittsalter der ersten Zigarette liegt bei 14,80 Jahren und es werden im Durchschnitt 3,8 Zigaretten täglich geraucht. Bei der neunten Klasse sind 2,4% Raucher und 97,6% Nichtraucher. 66,2% sind Nieraucher. Als Neuntklässler wird die erste Zigarette durchschnittlich mit 14,32 Jahren geraucht. Der Mittelwert an konsumierten Zigaretten beträgt 4,79 Stück. Bei der siebten Klassenstufe sind 1,7% Raucher, 98,3% Nichtraucher und 85,0% Nieraucher. Sie konsumieren die erste Zigarette mit 11,92 Jahren und rauchen durchschnittlich 3,71 Zigaretten pro Tag.

Bei der Frage, wie oft sie Zigaretten rauchen würden, antworteten 67,6% aller Elftklässler mit nie, 26,5% mit gelegentlich, 2,9% mit häufig und 2,9% mit täglich. Bei den Neuntklässlern antworteten 81,5% mit nie, 12,3% mit gelegentlich, 2,3% mit häufig und 3,8% mit täglich. Bei den Schülern der siebten Klassen gaben 94,2% nie, 4,6% gelegentlich, 0,0% häufig und 1,2% täglich an.

Einfluss der Verwandtschaft:

23,5% der Eltern und 17,6% der Geschwister der elften Klassen sind Raucher. Dabei haben 71,4% der rauchenden Elftklässler ebenfalls rauchende Eltern und 57,1% rauchende

Geschwister. 32,3% der Neuntklässler haben rauchende Eltern und 13,1% rauchende Geschwister. Alle rauchenden Befragten der neunten Klassen haben rauchende Eltern. 27,3% haben ebenfalls rauchende Geschwister. 30,6% der Eltern und 6,4% der Geschwister der Siebtklässler rauchen. 33,3% der rauchenden Schüler aus der siebten Klasse haben rauchende Eltern und 33,3% ebenfalls rauchende Geschwister.

Einfluss des Freundeskreises:

Auf die Frage wie die Raucher aus der elften Klasse ihren Freundeskreis einordnen würden, gaben 42,9% hauptsächlich Nichtraucher, 57,1% eine Mischung aus Rauchern und Nichtrauchern und 0,0% hauptsächlich Raucher an. Von den nichtrauchenden Elftklässlern sind 65,6% mit Nichtrauchern, 32,8% mit einer Mischung und 2,6% mit Rauchern befreundet. Der Freundeskreis der rauchenden Neuntklässler besteht bei 0,0% aus Nichtrauchern, bei 45,5% aus einer Mischung und bei 54,5% aus Rauchern. 63,0% der Nichtraucher der neunten Klasse sind mit Nichtrauchern, 31,9% mit einer Mischung und 5,0% mit Rauchern befreundet. Auf die Frage antworteten 33,3% der rauchenden Siebtklässler mit Nichtrauchern, 66,7% mit einer Mischung und 0,0% mit Rauchern. Der Freundeskreis der Nichtraucher aus den neunten Klassen besteht bei 81,8% aus Nichtrauchern, bei 17,1% aus einer Mischung und bei 1,2% aus Rauchern.

Einstiegsgründe:

Als Grund für den Einstieg ins Rauchen nannten 21,2% der Schüler der elften Klasse Stress, 9,1% Langeweile, 3,0% Rebellion gegen Vorbilder, 42,4% ihre Freunde und 3,0% schlechte Vorbilder. 21,2% wollten es nur ausprobieren. Die Neuntklässler antworteten zu 20,5% mit Stress, 15,4% mit Langeweile, 5,1% mit Rebellion gegen Vorbilder, 33,3% mit ihren Freunden und 17,9% schlechte Vorbilder. 7,7% von ihnen probierten es nur aus. 14,3% der Befragten aus den siebten Klassen gaben Stress, 19,0% Langeweile, 4,8% Rebellion gegen Vorbilder, 33,3% ihre Freunde und 4,8% schlechte Vorbilder als Antwort an. 23,8% der Neuntklässler rauchten nur, um es zu testen.

Nichtrauchergründe:

Als Grund Nichtraucher zu sein gaben 20,7% der Elftklässler an, noch nie angefangen zu haben, 22,2% die hohen Kosten, 35,6% gesundheitliche Gründe, 20,0% den schlechten Geschmack und 0,0% den Gestank an. 1,5% würden eine Außenseiterrolle als Raucher einnehmen. Als Grund Nichtraucher zu sein antworteten 34,6% der Neuntklässler damit, noch nie angefangen zu haben, 18,9% mit den hohen Kosten, 27,6% aus gesundheitlichen Gründen, 13,6% wegen dem schlechten Geschmack und 0,8% wegen dem Gestank. 4,5% wären ein Außenseiter als Raucher. 33,2 der Siebtklässler haben nie angefangen. 13,4%

werden abgeschreckt von zu hohen Kosten, 38,8% aus gesundheitlichen Gründen, 8,8% vom schlechten Geschmack, 3,9% von der Außenseiterrolle und 2,0% vom Gestank.

3.4 Auswertung und Diskussion der Ergebnisse

Meistens gibt es keine nennenswerten Unterschiede zwischen den Geschlechtern. Das erfreulichste Ergebnis ist, dass der Anteil an Rauchern sehr gering ist und vor allem bei den siebten Klassen nur 1,7% ausmacht. Zusätzlich nehmen die Nieraucher einen relativ großen Anteil ein. Desto älter die Jugendlichem werden, umso größer wird der Anteil der Raucher. Gleichzeitig lässt sich auch erkennen, dass die Raucher mehrheitlich aus einem ebenfalls rauchenden Umfeld stammen beziehungsweise Nichtraucher hauptsächlich mit Nichtrauchern in Kontakt stehen. Dadurch ist die Beeinflussung der Jugendlichen durch ihre sozialen Kontakte bewiesen. Der Freundeskreis oder die Vorbilder der Jugendlichen sind wichtige Faktoren bei der Entscheidung Raucher oder Nichtraucher zu sein.
Rauchen scheint ein sozialer Vorgang zu sein. Nur 8,6% machen es alleine während 46,1% mit anderen zusammen rauchen.
Ein oft genannter Grund zum Rauchen ist die Langeweile. Dies ist durchaus bedenkenswert, da der Zigarettenkonsum anscheinend ein Verhalten ist, welches man durch eine bessere Beschäftigung der Jugendlichen vermeiden könnte.
Das durchschnittliche Einstiegsalter nimmt mit zunehmender Klassenstufe zu, da die jetzigen Siebtklässler früher mit dem Rauchen beginnen als die Elftklässler. Als Folge kann man schließen, dass immer früher mit Zigaretten experimentiert wird.
Für den Erfolg von Aufklärungsprogrammen steht, dass die Meisten sich sehr gut oder gut über die Risiken des Rauchens aufgeklärt fühlen. Deswegen ist es nicht überraschend, dass die wenigsten die Shisha für gesünder als Zigaretten halten. Allgemein hat die Shisha jedoch ein sehr positives und geselliges Image.
Der neue Trend von E-Zigaretten/E-Shishas scheint allen Altersklassen bekannt zu sein. Die meisten sind damit aber noch nicht stärker in Kontakt gekommen.
Die Warnhinweise scheinen bei den Jüngeren ihre abschreckende Wirkung am stärksten zu entfalten, jedoch wirken sie auch bei den Älteren.
Der durchschnittliche Zigarettenkonsum pro Tag ist beunruhigend hoch, jedoch bezieht dieser sich auf den Konsum der Raucher. Die Mehrheit raucht keine Zigarette am Tag.

Auffallend ist, dass die Anzahl der Teilnehmer an der Real- und Mittelschule im Vergleich zum Gymnasium deutlich geringer ist. Dies könnte man zum einen durch die erforderliche Einverständniserklärung der Eltern erklären. Da die Schüler nur an der Umfrage teilnehmen dürfen, wenn diese unterschrieben abgegeben worden ist, konnten diejenigen, die den Elternbrief vergessen haben, nicht befragt werden. Am Gymnasium war das nicht oft der Fall und wenn doch, konnten die Abschnitte leicht nachträglich eingesammelt werden und dann mit den Schülern die Umfrage durchgeführt werden. Außerdem waren viele Klassenleiter beim Einsammeln der Abschnitte behilflich. Dies ging an den anderen Schulen nicht, da nur ein begrenzter Zeitraum für die Durchführung der Umfrage an der Mittel- beziehungsweise Realschule vorhanden war. Ein anderer Erklärungsversuch wäre, dass manche Jugendliche von der Teilnahme abgeschreckt wurden, da sie nicht zugeben wollten, dass sie rauchen und deswegen eventuell trotz der anonymisierten Form bloßgestellt oder benachteiligt werden. Denkbar ist auch, dass Eltern von dem Zigarettenkonsum ihrer Kinder gewusst haben könnten und ihnen aus dem gleichen Grund die Teilnahme verboten haben. Man kann nicht davon ausgehen, dass jeder Schüler den Umfragebogen wahrheitsgemäß ausgefüllt hat, da manche Teilnehmer die Umfrage nicht ernst genommen haben könnten und deswegen absichtlich falsche Antworten abgegeben haben. Wegen all dieser Möglichkeiten könnten die Ergebnisse teilweise leicht verfälscht sein. Bei einer erneuten Durchführung wäre eine automatisierte Auszählungsform von Vorteil.

4. Vergleich mit anderen Studien

Die Bundeszentrale für gesundheitliche Aufklärung (BZgA) führt in Intervallen von drei bis vier Jahren seit 1973 großangelegte Studien zur Drogenaffinität von Jugendlichen in Deutschland durch.[11]

Dadurch können Trends im Rauchverhalten der Heranwachsenden über einen Zeitraum von mehr als 40 Jahren erkannt werden. Gleichzeitig kann so auch die Wirksamkeit von Präventivmaßnahmen überprüft werden.

Die aktuellste Studie „Die Drogenaffinität Jugendlicher in der Bundesrepublik Deutschland 2015" befragte insgesamt 7004 Heranwachsende mithilfe von computergestützten Telefoninterviews.[12] Außerdem werden die Ergebnisse mit den vorhergehenden Befragungen verglichen. Für den Konsum von Zigaretten ergab sich für das Jahr 2015 folgendes:

9,6% aller 12 bis 17 Jährigen sind als Raucher anzusehen. 77,3% gehören jedoch zu den Nierauchern. 3,5% rauchen täglich mindestens eine Zigarette.

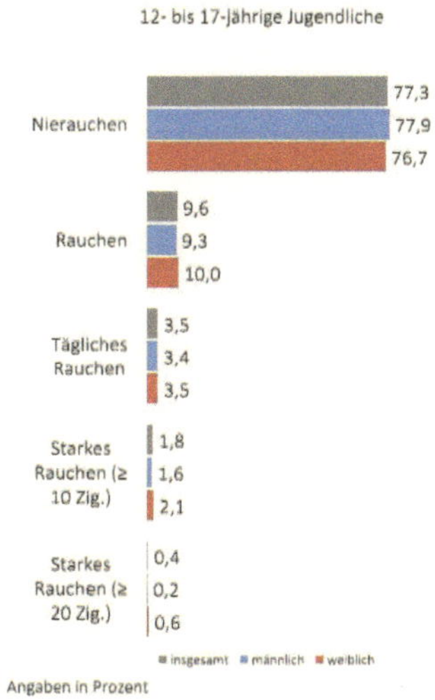

Abbildung 2: Verbreitung des Nierauchens und Rauchens unter Jugendlichen insgesamt und nach Geschlecht im Jahr 2015

---

[11] nach Orth, B. (2016). Die Drogenaffinität Jugendlicher in der Bundesrepublik Deutschland 2015. Rauchen, Alkoholkonsum und Konsum illegaler Drogen: aktuelle Verbreitung und Trends. BZgA-Forschungsbericht. Köln: Bundeszentrale für gesundheitliche Aufklärung, S.15

[12] nach a.a.O., S.5

Die Studie zeigt auch, dass es keinen signifikanten Unterschied zwischen den Geschlechtern gibt. Jedoch in Abhängigkeit von Bildungsmerkmalen durchaus. In der Sekundärstufe 1 des Gymnasiums rauchen 3,2% und 89,4% sind Nieraucher. In der Sekundärstufe 2 sind es 18,7% beziehungsweise 50,2%. An der Realschule sind 8,5% Raucher und 79,8% Nieraucher. 9,3% der Mittelschüler sind Raucher. Jedoch haben 80,7% der Mittelschüler noch nie eine Zigarette konsumiert.

Zusätzlich lässt sich als Trend erkennen, dass die Verbreitung des Rauchens kontinuierlich abnimmt und der Anteil an Nierauchern einen Höchstwert erreicht hat. Außerdem wird deutlich, dass seit mehreren Jahren kein deutlicher Unterschied zwischen den Geschlechtern erkennbar ist.

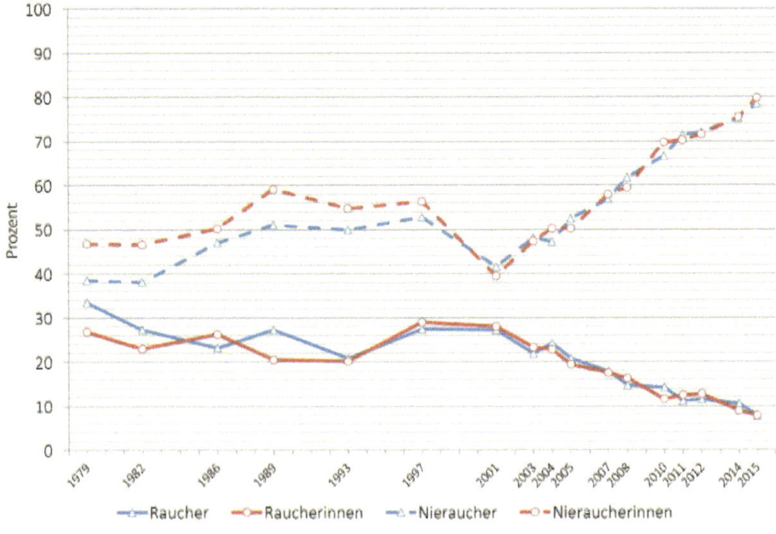

Ab 1993: einschließlich neue Bundesländer.
2014 und 2015: Ergebnisse der Festnetzstichprobe mit Gewichtung nach Region, Geschlecht und Alter

Abbildung 3: Rauchen und Nierauchen bei männlichen und weiblichen Jugendlichen im Alter von 12 bis 17 Jahren von 1979 bis 2015

Bei der Befragung zur Bekanntheit der E-Zigarette stellte sich heraus, dass 91,5% der Jugendlichen schon mal von ihnen gehört haben. Trotzdem haben nur 12,1% diese ausprobiert. Der Anteil an regelmäßigen Konsumenten liegt bei 2,4%. Bei der E-Zigarette ist aber ein Unterschied zwischen Jungen und Mädchen festzustellen. Männliche Jugendliche kennen und rauchen E-Zigarette häufiger als die weiblichen. Bei der E-Shisha sind die Ergebnisse ähnlich, jedoch ist sie nicht so bekannt (61,2%), da sie kürzer auf dem Markt als die E-Zigarette ist. Bei den Geschlechtern ist der gleiche Unterschied wie bei den E-Zigaretten festzustellen.[13]

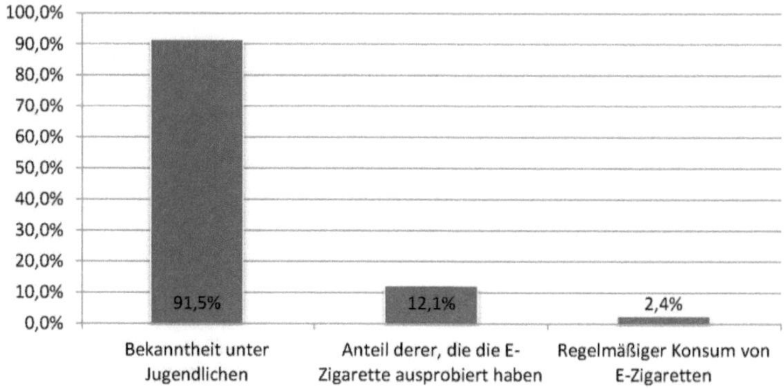

Diagramm 1: Verbreitung der E-Zigarette unter Jugendlichen nach BZgA Erhebung

Die Wiederholungsbefragung „Drogenaffinität Jugendlicher in der Bundesrepublik Deutschland 2001“ der BZgA kommt bezüglich des Einflusses des sozialen Umfelds auf folgende Ergebnisse:

67% der Raucher haben einen Freundeskreis aus ebenfalls Rauchern.[14] "Von den Nichtrauchern gehört nur ein Viertel (27%) zu Freundesgruppen, in denen viel geraucht wird."[15]

Auf der Internetseite rauchfrei-info.de, die von der BZgA angeboten wird und dadurch auf den Auswertungen der BZgA Studien basiert, wird geäußert, dass das durchschnittliche Einstiegsalter der ersten Zigarette bei 14,8 Jahren liegt.[16]

[13] nach Orth, B. (2016). Die Drogenaffinität Jugendlicher in der Bundesrepublik Deutschland 2015. Rauchen, Alkoholkonsum und Konsum illegaler Drogen: aktuelle Verbreitung und Trends. BZgA-Forschungsbericht. Köln: Bundeszentrale für gesundheitliche Aufklärung, S.22-40

[14] nach Jugendliche Raucher - Veränderung des Rauchverhaltens und Ansätze für die Prävention 2002, S.18

[15] Jugendliche Raucher - Veränderung des Rauchverhaltens und Ansätze für die Prävention 2002, S.18

[16] nach www.rauchfrei-info.de/informieren/verbreitung-des-rauchens/raucherquote-bei-kindern-jugendlichen/ Abrufdatum: 03.10.2016

4.1 Gemeinsamkeiten

Genauso wie bei der großangelegten Studie ist bei der vorliegenden Befragung an Friedberger Schulen der Anteil an Rauchern mit 5,7% sehr niedrig. Auch der Anteil an Nierauchern von 70,4% ähnelt den 77,3% der staatlichen Umfrage. Bei Beiden lässt sich meistens kein nennenswerter Unterschied zwischen den beiden Geschlechtern feststellen. Eine weitere Gemeinsamkeit ist, dass in der Sekundärstufe II des Gymnasiums der Anteil an Rauchern größer und der Anteil an Nierauchern kleiner ist, als in der Sekundärstufe I (7. und 9. Klasse) ist. Genauso wie in der Umfrage der BZgA ist der Konsum von Zigaretten an der Mittelschule stärker verbreitet als am Gymnasium. In der durchgeführten Befragung ist die Bekanntheit der E-Zigarette beziehungsweise E-Shisha mit 95,7% sogar noch etwas höher als in der offiziellen Studie. Der regelmäßige beziehungsweise tägliche Konsum ist ungefähr gleich niedrig.

Dass Raucher überwiegend mit Rauchern und Nichtraucher hauptsächlich mit Nichtrauchern befreundet sind, konnte in beiden Untersuchungen gezeigt werden.

4.2 Unterschiede

Der auffälligste Unterschied ist bei den Bildungsmerkmalen zu finden. In der Studie der BZgA ist der Konsum von Zigaretten am Gymnasium insgesamt am schwächsten ausgeprägt. Es stellte sich jedoch in der durchgeführten Umfrage heraus, dass der Anteil an Rauchern an der Realschule noch niedriger und der Anteil an Nierauchern noch etwas größer als am Gymnasium ist.

Ein weiterer Unterschied ist bei der E-Zigarette/E-Shisha zu sehen. Bei der durchgeführten Befragung ergab sich, dass ungefähr ein Drittel (34,5%) diese ausprobiert haben und damit weit über dem Ergebnis von 12,1% der BZgA Umfrage liegt. Die Ursache könnte darin liegen, dass die E-Zigarette oder die E-Shisha einen neuen Trend darstellen, welcher in der BZgA Umfrage von 2015 noch nicht erfasst worden konnte.

Außerdem ließ sich kein nennenswerter Unterschied ihrer Bekanntheit zwischen den Geschlechtern feststellen.

Außerdem ergab die durchgeführte Befragung ein durchschnittliches Einstiegsalter, welches mit 13,93 Jahren fast ein Jahr unter dem offiziellen liegt.

5. Lösungsansätze zur weiteren Verringerung des Zigarettenkonsums

Der, durch Studien bestätigte, rückläufige Zigarettenkonsum bei Jugendlichen ist eine erfreuliche und positive Entwicklung der letzten Jahrzehnte. Diese wurde von vielen verschiedenen Faktoren beeinflusst, von denen einige im Folgenden vorgestellt werden.

5.1 Bessere Aufklärung der Jugendlichen

Eine der wirksamsten Formen der Reduktion des Zigarettenkonsums ist es, wenn die Jugendlichen für sich selbst feststellen, dass das Rauchen für ihren Körper schädlich ist und sie deswegen entscheiden, bewusst darauf zu verzichten. Um die Heranwachsenden bei diesem Entscheidungsprozess zu unterstützen, ist es wichtig, sie über die Auswirkungen des Rauchens aufzuklären.

5.1.1 Aufklärung in der Schule

Menschen werden in ihrer Jugend besser von vorbeugenden Belehrungen beeinflusst als später in ihrem Leben, wodurch eine Entwicklung einer Abhängigkeit von Zigaretten schon früh entgegen gewirkt werden kann.[17] Deswegen bietet die Schule einen guten Ort, um die Heranwachsenden über die Risiken der Zigaretten aufzuklären. Dort kann man leichter sicherstellen, dass jeder von den Präventivmaßnahmen erreicht wird, als wenn man diese Programme beispielsweise in Einkaufspassagen oder Jugendzentren durchführt. Gerade deswegen wird den Lehrkräften schon heute ein breites Angebot an Lehrmitteln, wie Filme oder Broschüren, angeboten. Dieses Angebot wird von verschiedenen Institutionen bereitgestellt. Es gibt sowohl staatliche Einrichtungen, wie zum Beispiel die BZgA, welche das Internetprotal rauchfrei-info.de betreibt, oder das Deutsche Krebsforschungszentrum, welches Informationsmaterial aufgrund wissenschaftlicher Studien ausarbeitet, aber auch private Initiativen, zum Beispiel Ärzteverbände oder Vereine.[18] Die Lehrkräfte können und sollten alle Informationen nutzen, um ihre Unterrichtseinheiten vorzubereiten. Dabei ist es natürlich von Vorteil,

[17] nach Nationale Strategie zur Drogen- und Suchtpolitik 2012, S.32
[18] nach Tabakatlas Deutschland 2015, S.102f

dass die Lehrer ihre Schüler gut kennen. Über diese schon bestehende Beziehung können die Lehrkräfte den Jugendlichen die Risiken des Rauchens besser vermitteln, als wenn eine externe Person an die Schule kommt und die Aufklärungsarbeit durchführt. Ein Beispiel eines solchen Aufklärungsprogrammes ist der Nichtraucherwettbewerb „Be Smart – Don't Start". Dabei wird auf das Nichtrauchen und die Verhinderung des Raucheinstiegs Wert gelegt. Es ist für die Klassenstufen sechs bis acht konzipiert und soll so spielerisch die Kinder vom Rauchen abhalten.[19]

5.1.2 Anti-Zigaretten Kampagnen

Ein weiteres Mittel, die Bevölkerung beziehungsweise die Jugendlichen über die Risiken des Rauchens aufzuklären, sind Anti-Zigaretten Kampagnen. Dabei sind diese auf unterschiedliche Zielgruppen ausgelegt. Beispielsweise richtet sich die Kampagne "rauchfrei" der BZgA an Jugendliche und besteht aus einem Internetangebot, welches die Heranwachsenden informieren will und die Motivation für ein Leben ohne Zigaretten erzeugen soll. Zusätzlich wird ein Ausstiegsprogramm angeboten. Diese Kampagne wird als sehr erfolgreich eingestuft.[20] Daran kann man sehen, dass durchdachte Kampagnen gegen den Zigarettenkonsum durchaus positive Auswirkungen haben können. Jedoch investiert die Tabakindustrie große finanzielle Mittel in ihre Werbeaktionen, um die Bevölkerung weiterhin zum Rauchen zu animieren. Ein weiteres Problem ist, dass die Initiativen oft nicht die richtige Beachtung finden und so ihr Ziel verfehlen. Bei den Rauchern nehmen nur 11,7% der Männer und 9,3% der Frauen häufig Aufklärungskampagnen wahr. Bei 38,3% beziehungsweise 48,9% werden diese nie bemerkt.[21] Deswegen ist es umso wichtiger, dass diese Maßnahmen besser finanziell gefördert werden und die Durchführung besser durchdacht wird, um so die rauchende Bevölkerung als Zielgruppe optimal zu erreichen und damit den Konsum von Zigaretten weiter zu vermindern. Zusätzlich sollten Aufklärungsarbeit stärker auf Jugendliche fokussiert werden. Dabei könnte man Kampagnen verstärkt in sozialen Netzwerken, wie zum Beispiel Facebook, durchführen, um so die junge Bevölkerungsschicht besser zu erreichen. Ein Beispiel für eine europaweite Kampagne ist "Ex-Raucher sind nicht

[19] nach https://www.besmart.info/be-smart/
Abrufdatum: 25.10.2016
[20] nach Nationale Strategie zur Drogen- und Suchtpolitik 2012, S.33
[21] nach Tabakatlas Deutschland 2015, S.103

aufzuhalten" der europäischen Kommission. Diese bietet Hilfe beim Aufhören des Rauchens mithilfe eines Smartphone Programms.[22]

Abbildung 4: Plakat der "Ex-Raucher sind nicht aufzuhalten" Kampagne
© Europäische Union, 195-2011

[22] nach http://www.exsmokers.eu/de-de/index.html
Abrufdatum: 06.11.2016

5.1.3 Warnhinweise auf den Verpackungen

Um dem Zigarettenkonsumenten die Risiken ihres Verhaltens zu vermitteln, wurden bisher auf den Verpackungen Warnhinweise angebracht. Diese befinden sich an den Packungsbreitseiten und müssen mindestens 30% beziehungsweise 40% der Fläche ausmachen. Seit dem 20. Mai 2016 wurden diese Richtlinien noch weiter verschärft. Jetzt bestehen die Warnhinweise aus einem Text und einem Bild, wodurch insgesamt 65% der Seitenflächen eingenommen werden. Zusätzlich müssen diese jährlich verändert werden, wodurch einer Sensibilisierung vorgebeugt wird.[23] Die neu eingeführten Bilder zeigen oftmals vom Rauchen geschädigte Körperteile, wie zum Beispiel eine, vom Teer des Zigarettenrauches schwarz gefärbte, Lunge.

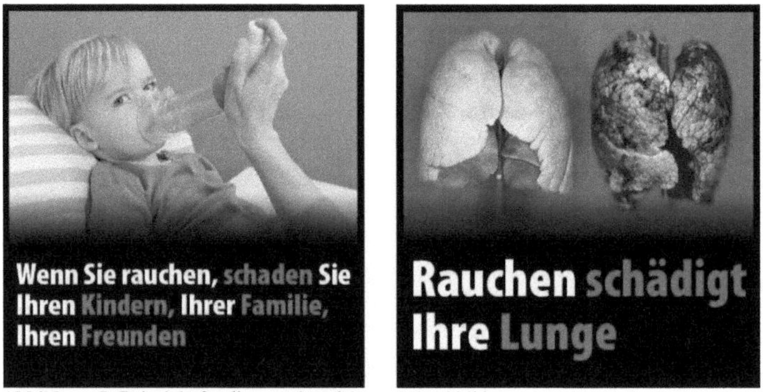

Abbildung 5: Beispiele für die neu eingeführten Schockbilder

Es ist verständlich, dass Heranwachsende so vom Kauf und Konsum von Zigaretten abgeschreckt werden. Dies wurde auch durch die durchgeführte Befragung bestätigt, bei der 63,6% angeben, dass Warnhinweise eine abschreckende Wirkung auf sie haben. Wenn man nur die Schüler der 7. Klassen betrachtet, sind es sogar 77,5%. Damit wird deutlich, dass die Warnhinweise vor allem die Jugendlichen vom Rauchen abhalten können. Deswegen sollte man in Betracht ziehen, die Gestaltung der Verpackungen noch weiter zu regulieren, da die Hersteller immer noch einige Freiheiten, wie das Abbilden des Logos oder des Markennamens haben. Dabei sollte man sich Australien, wo es standardisierte Verpackungen gibt, als Beispiel nehmen, um so den Einstieg der Jugendlichen in den Tabakkonsum weiter verzögern oder sogar aufhalten zu können.[24]

[23] nach Tabakatlas Deutschland 2015, S.100
[24] nach Tabakatlas Deutschland 2015, S.101

5.2 Erschwerte Kaufbedingungen

Der Verkauf von Zigaretten an Minderjährige ist durch das Jugendschutzgesetz verboten. Darüber hinaus dürfen Jugendliche in der Öffentlichkeit nicht rauchen.[25] Trotzdem sind Jugendliche immer noch in der Lage, sich Zigaretten zu beschaffen. Dies sollte man, durch noch weiter erschwerte Kaufbedingungen, verhindern, um den Tabakwarenkonsum der Minderjährigen durch zusätzliche Hürden zu verringern.

5.2.1 Alterskontrollen

Zigaretten können entweder im Einzelhandel, wie zum Beispiel einem Kiosk, oder an einem Zigarettenautomaten gekauft werden. Der Verkauf an Minderjährige ist gesetzlich verboten. Trotzdem muss dafür gesorgt werden, dass diese Regelung stets eingehalten wird. Dies geschieht an den Automaten durch eine Alterskontrolle beispielsweise mithilfe einer Bankkarte, wodurch sichergestellt wird, dass nur Volljährige Zigaretten kaufen können. Im Einzelhandel müssen die Beschäftigten im Zweifelsfall das Alter der Kunden überprüfen. Allerdings können Zigaretten in Vertretung durch Erwachsene erworben werden. Bei Nichtbeachten des Jugendschutzgesetzes können Geldstrafen bis zu 50.000€ und sogar Haftstrafen verhängt werden.[26] Da die Zigarettenautomaten baulich gegen die Abgabe an Heranwachsende gesichert sind, ist es wahrscheinlich, dass Jugendliche in Läden ihre Zigaretten kaufen. Deswegen ist es umso wichtiger, dass das Jugendschutzgesetz zuverlässig umgesetzt wird. Hier wäre die Durchführung regelmäßiger Kontrollen, bei denen beispielsweise ein jugendlicher "Lockvogel" versucht Zigaretten zu kaufen, vorstellbar, um so Ladenbesitzer, die sich nicht an die Gesetze halten, aufzuspüren und bestrafen zu können. Zu einer weiteren Reduktion des gesetzeswidrigen Zigarettenverkaufs könnte man die Geldbußen noch weiter erhöhen, um die abschreckende Wirkung zu verstärken.

[25] nach http://www.jugendschutz-aktiv.de/de/informationen-fuer-gewerbetreibende-und-veranstalter/die-vorschriften-im-einzelnen/tabakwaren.html Abrufdatum: 08.10.2016

[26] nach http://www.jugendschutz-aktiv.de/de/informationen-fuer-gewerbetreibende-und-veranstalter/die-vorschriften-im-einzelnen/tabakwaren.html Abrufdatum: 08.10.2016

5.2.2 Beschränkung der Werbung

Jugendliche sind stark von ihrem wahrgenommenen Umfeld beeinflussbar. Dazu gehört neben Freunden oder Familie auch die Werbung.[27] Deswegen wird in Deutschland die Werbung für Zigaretten stark eingeschränkt, um schlechte Einflüsse auf die Jugend zu reduzieren. Folglich sind deswegen Produktplatzierung und Werbung im Radio, Fernsehen, Internet oder Printmedien verboten. Im Kino darf erst nach 18 Uhr Zigarettenwerbung gezeigt werden. Gleichzeitig wird auch der Werbungsinhalt reguliert. Verboten ist alles, was das Rauchen als attraktiv oder gesund darstellt. Zusätzlich ist auch die Ausrichtung der Reklame auf Jugendliche als Zielgruppe verboten. Jedoch sind in Deutschland die Außenwerbung, beziehungsweise die Werbung am Verkaufsort genauso wie Maßnahmen zur Verkaufsförderung immer noch erlaubt.[28]

Abbildung 6: Sponsoring als noch erlaubte Form der Werbung

Gerade mit dieser Werbeform werden vor allem Jugendliche beeinflusst.[29] Deswegen sollten weitere staatliche Regulierungen erlassen werden, die diese erlaubten Werbeformen verbieten, vor allem da dies schon in fast allen europäischen Ländern geschehen ist.[30] "Ein umfassendes Werbeverbot hat weitreichende Wirkung, Teilverbote hingegen haben nur eine begrenzte Wirkung, da die Tabakindustrie auf die freigebliebenen Werbekanäle ausweicht"[31]

---

[27] nach Zigarettenkonsum im Jugendalter - Bedingungen der Entwicklungen gesundheitlichen Fehlverhaltens - Eine Analyse der wissenschaftlichen Literatur 1992, S.102

[28] nach Tabakatlas Deutschland 2015, S.107

[29] nach Deutsches Krebsforschungszentrum (2016) Tabakwerbung auf Plakaten spricht Jugendliche an – Außenwerbeverbot dringend notwendig. Aus der Wissenschaft – für die Politik, Heidelberg

[30] nach Tabakatlas Deutschland 2015, S.107

[31] nach Deutsches Krebsforschungszentrum (2016) Tabakwerbung auf Plakaten spricht Jugendliche an – Außenwerbeverbot dringend notwendig. Aus der Wissenschaft – für die Politik, Heidelberg

5.2.3 Steigende Kosten

Die Kosten einer Zigarettenpackung setzen sich aus drei Anteilen zusammen. Der Wirtschaftsanteil, der den Profit für die Industrie darstellt, der Umweltanteil, mit dem die Entsorgung der Verpackungen kompensiert werden soll, und dem Steueranteil, welcher aus Mehrwertsteuer und Tabaksteuer zusammengesetzt ist. Dabei macht der Steueranteil fast drei Viertel des Gesamtpreises aus. Dieser besteht wieder aus drei Komponenten. Der Mehrwertsteuer, dem spezifischen Tabaksteuerbetrag, der im Moment 0,0982€ pro Zigarette beträgt, und dem proportionalen Tabaksteuerbetrag, welcher 21,69% des Kleinverkaufspreises entspricht. Folglich lässt sich durch eine Steuererhöhung der Preis einer Zigarettenpackung anheben. Dies geschah in den letzten Jahren, wodurch man heute sechs Euro für eine Packung zahlen muss, statt 2002 noch drei Euro. Jedoch hat sich die Anzahl der Zigaretten in der Schachtel von 19 auf 20 erhöht.[32] Dadurch stellt der Zigarettenkonsum eine enorme finanzielle Belastung dar, was den jugendlichen Rauchern genauso bewusst ist wie den Erwachsenen.[33] Jedoch haben Jugendliche oft kein festes Einkommen, sondern oftmals nur ein Taschengeld. Daraus folgt, dass ein regelmäßiger Zigarettenkonsum einen erheblichen Anteil ihres monatlichen Geldes in Anspruch nimmt, wodurch für andere Aktivitäten nicht genügend Geld übrig bleiben könnte. Deswegen könnten die hohen Kosten viele Jugendliche vom Rauchen abschrecken. Dies gaben auch 17,1% in der durchgeführten Befragung an. Dies zeigt, dass der Staat mit einer Preiserhöhung ein wirksames Werkzeug zur Verringerung des Zigarettenkonsums Jugendlicher hat. Deswegen wird vorgeschlagen, dieses Instrument weiterhin drastisch zu nutzen.

---

[32] nach https://www.zigarettenverband.de/de/22/Themen_neu/Zahlen_&_Fakten/Zigarettenpr Abrufdatum: 02.10.2016

[33] nach Zigarettenkonsum im Jugendalter - Bedingungen der Entwicklungen gesundheitlichen Fehlverhaltens - Eine Analyse der wissenschaftlichen Literatur 1992, S.16

5.3 Unterstützender Imagewandel in der modernen westlichen Gesellschaft

Wie jedes Verhalten ist auch die Wahrnehmung des Konsums von Zigaretten durch die Gesellschaft einem stetigen Entwicklungs- und Wandlungsprozess ausgesetzt.[34] Durch eine Änderung der Vorbilddefinition in den letzten Jahrzehnten wurde das Rauchen immer mehr als negativer Lebensstil empfunden, wodurch die Bereitschaft, diesen zu führen, sinkt.

5.3.1 Zeit der Marlboro Cowboys

Die Zigarette trat im 20. Jahrhundert, vor allem in der zweiten Hälfte, ihren Siegeszug durch die Gesellschaft an. Für fast jeden, egal ob Politiker, einfacher Arbeiter oder Leinwandgröße, war es selbstverständlich, Raucher zu sein. Das lag daran, dass das Rauchen für einen ganz bestimmten Lebensstil stand. Die Zigarette symbolisierte Freiheit, Attraktivität und Gelassenheit.[35] Diese Wahrnehmungen wurden auch durch die Werbekampagnen der Zigarettenindustrie bewusst erzeugt. Ein Beispiel für die stereotypisch männliche Darstellung ist der Marlboro Mann. In den Werbespots reiten Cowboys mit nichts als Zigaretten durch wilde Landschaften, um so die Bevölkerung zum Rauchen zu animieren.[36] Zu dieser Zeit waren die Auswirkungen auf die Gesundheit noch nicht weitgehend in der Bevölkerung bekannt. Dies änderte sich mit dem Terry Report von 1964, welcher die Sterbedaten von Rauchern darstellte.[37] Ein weiteres Zeichen für die starke Gesundheitsschädigung durch Zigaretten war die Häufung verschiedener Krebsarten oder Lungenerkrankungen unter den Werbefiguren der Zigarettenkonzerne, welche meistens selbst starke Raucher waren.[38]

---

[34] nach Zigarettenkonsum im Jugendalter - Bedingungen der Entwicklungen gesundheitlichen Fehlverhaltens - Eine Analyse der wissenschaftlichen Literatur 1992, S.22f

[35] nach http://www.merkur.de/leben/gesundheit/rauchen-im-wandel-der-zeit-1552840.html Abrufdatum: 02.10.2016

[36] nach https://de.wikipedia.org/wiki/Marlboro_Man Abrufdatum: 30.10.2016

[37] nach http://www.merkur.de/leben/gesundheit/rauchen-im-wandel-der-zeit-1552840.html Abrufdatum: 02.10.2016

[38] nach https://de.wikipedia.org/wiki/Marlboro_Man Abrufdatum: 30.10.2016

Abbildung 7: Zigarettenwerbung am Straßenrand

Abbildung 8: Symbolisierung von Freiheit mit Zigarettenwerbung

5.3.2 Zigaretten im Konflikt mit einem aktiven und gesunden Lebensstil

Heutzutage wollen die Menschen "leistungsfähig, fit und körperlich attraktiv sein."[39] Der eigene Gesundheitszustand und dessen Erhalt sind immer wichtiger geworden. Damit passt der Konsum von Zigaretten nicht mehr zu der modernen Art der Lebensführung, wodurch vor allem junge Leute auf das Rauchen verzichten. Bei der durchgeführten Umfrage war die Rücksichtnahme auf die Gesundheit der meistgenannte Grund Nichtraucher zu sein. Das heutige Image der Zigaretten ist geprägt von Gestank, Ungepflegtheit und fehlende Rücksichtnahme auf Andere.[40] Damit werden Raucher zunehmend als unsympathisch wahrgenommen und mit einem niedrigen sozialen Status in Verbindung gebracht.[41] Deswegen ist es verständlich, dass gerade die Jugendlichen, welche sehr auf ihre Wahrnehmung durch die Umwelt bedacht sind, nicht mit dem Rauchen beginnen wollen, um nicht von der Gesellschaft als negativ empfunden zu werden.

---

[39] http://www.stuttgarter-nachrichten.de/inhalt.drogen-konsum-zigaretten-machen-nicht-mehr-attraktiv.b30348e0-349e-40d2-ab68-a1c628731b98.html
Abrufdatum: 02.10.2016

[40] a.a.O.

[41] nach Deutsches Ärzteblatt, Heft 5, Mai 2011, S.224

6. Ausblick

Das Rauchen von Zigaretten ist kein Lebensstil mehr, der, wie noch vor 50 Jahren, völlig verharmlost wird. Die heutige Gesellschaft ist sich der negativen Folgen durchaus bewusst. Dies ist vor allem der Forschung und Aufklärungskampagnen zu verdanken. Daraus hat sich dann auch der Imagewandel der Zigarette entwickelt, welcher zu einem Rückgang des Rauchens führte. Dieser erfreuliche Trend der letzten Jahrzehnte wird wohl weiterhin anhalten, gerade weil viele Kampagnen das Ziel haben die junge Bevölkerung vom Einstieg in das Rauchen abzuhalten. Trotzallem sollte die Regierung weiterhin gegen die finanzkräftige Tabakindustrie mit Gesetzesgrundlagen vorgehen und so ihre Reichweite einschränken. Leider wird sich die Zigarette nicht vollständig aus der Gesellschaft verbannen lassen, zumindest nicht in naher Zukunft. Jedoch ist jegliche Verringerung des Anteils an Rauchern in der Gesellschaft als Erfolg anzusehen.

7. Quellenverzeichnis

Quellen in der Erscheinungsreihenfolge in der Arbeit. Wenn eine Zitierweise angegeben wurde, wurde diese verwendet.

Literaturquellen:

- Tabakatlas Deutschland 2015, Martina Pötschke-Langer u.a, 2015, Deutsches Krebsforschungszentrum
- Application of Modern On-line and Off-line Analytical Methods for Tobacco and Cigarette and Sidestream Smoke Characterisation, Stefan Manfred Mitschke, Wissenschaftszentrum Weihenstephan für Ernährung, Landnutzung und Umwelt Lehrstuhl für Ökologische Chemie und Umweltanalytik der Technischen Universität München
- Zigarettenkonsum im Jugendalter - Bedingungen der Entwicklungen gesundheitlichen Fehlverhaltens - Eine Analyse der wissenschaftlichen Literatur, Reinhold Berger, 1992, Deutscher Instituts-Verlag GmbH
- Risikoverhalten und Gesundheitsbewußtsein bei Jugendlichen - Der Stellenwert von Rauchen und Alkoholkonsum im Alltag von 15- bis 20jährigen, Peter Franzkowiak, 1986, Springer Berlin Heidelberg
- Nationale Strategie zur Drogen- und Suchtpolitik, kein Autor angegeben, 2012, Die Drogenbeauftrage der Bundesregierung
- Deutsches Krebsforschungszentrum (2016) Tabakwerbung auf Plakaten spricht Jugendliche an – Außenwerbeverbot dringend notwendig. Aus der Wissenschaft – für die Politik, Heidelberg, Katrin Schaller und Ute Mons, 2016
- RAUCHEN IM WANDEL DER ZEIT - Die Oberschicht hat sich abgewandt, Oliver Bruttel, 2011, Deutsches Ärzteblatt Heft 5 Mai 2011

Studien:

- Jugendliche Raucher - Veränderung des Rauchverhaltens und Ansätze für die Prävention, Gerhard Christiansen, Volker Stander und Jürgen Töppich, 2002, Bundeszentrale für gesundheitliche Aufklärung
- Orth, B. (2016). Die Drogenaffinität Jugendlicher in der Bundesrepublik Deutschland 2015. Rauchen, Alkoholkonsum und Konsum illegaler Drogen: aktuelle Verbreitung und Trends. BZgA-Forschungsbericht. Köln: Bundeszentrale für gesundheitliche Aufklärung.

Internetquellen:

- Raucherquote bei Kindern und Jugendlichen - Nichtrauchen, bei Jugendlichen im Trend
  www.rauchfrei-info.de/informieren/verbreitung-des-rauchens/raucherquote-bei-kindern-jugendlichen/
  Abrufdatum: 03.10.2016

- Be smart Don't start - Der Wettbewerb
  https://www.besmart.info/be-smart/
  Abrufdatum: 25.10.2016

- Ex-Raucher sind nicht aufzuhalten
  http://www.exsmokers.eu/de-de/index.html
  Abrufdatum: 06.11.2016

- Tabakwaren
  http://www.jugendschutz-aktiv.de/de/informationen-fuer-gewerbetreibende-und-veranstalter/die-vorschriften-im-einzelnen/tabakwaren.html
  Abrufdatum: 08.10.2016

- Zigarettenpreise
  https://www.zigarettenverband.de/de/22/Themen_neu/Zahlen_&_Fakten/Zigarettenpr
  Abrufdatum: 02.10.2016

- Rauchen im Wandel der Zeit
  http://www.merkur.de/leben/gesundheit/rauchen-im-wandel-der-zeit-1552840.html
  Abrufdatum: 02.10.2016

- Marlboro Man
  https://de.wikipedia.org/wiki/Marlboro_Man
  Abrufdatum: 30.10.2016

- *Drogen-Konsum* „Zigaretten machen nicht mehr attraktiv“
  http://www.stuttgarter-nachrichten.de/inhalt.drogen-konsum-zigaretten-machen-nicht-mehr-attraktiv.b30348e0-349e-40d2-ab68-a1c628731b98.html
  Abrufdatum: 02.10.2016

Bildquellen:

- Abbildung 1:

  Vergleich der Lunge eines Rauchers und der eines Nichtrauchers
  https://commons.wikimedia.org/wiki/File:Healthy_lung-smokers_lung.jpg
  Abrufdatum: 31.10.2016

- Abbildung 2:

  Verbreitung des Nierauchens und Rauchens unter Jugendlichen insgesamt und nach Geschlecht im Jahr 2015
  nach Orth, B. (2016). Die Drogenaffinität Jugendlicher in der Bundesrepublik Deutschland 2015. Rauchen, Alkoholkonsum und Konsum illegaler Drogen: aktuelle Verbreitung und Trends. BZgA-Forschungsbericht. Köln: Bundeszentrale für gesundheitliche Aufklärung., S. 23

- Abbildung 3:

  Rauchen und Nierauchen bei männlichen und weiblichen Jugendlichen im Alter von 12 bis 17 Jahren von 1979 bis 2015
  Orth, B. (2016). Die Drogenaffinität Jugendlicher in der Bundesrepublik Deutschland 2015. Rauchen, Alkoholkonsum und Konsum illegaler Drogen: aktuelle Verbreitung und Trends. BZgA-Forschungsbericht. Köln: Bundeszentrale für gesundheitliche Aufklärung., S.28

- Abbildung 4:

  Plakat der "Ex-Raucher sind nicht aufzuhalten" Kampagne
  © Europäische Union, 1995-2011
  http://www.exsmokers.eu/de-de/downloads.html
  Abrufdatum:06.11.2016

- Abbildung 5:

  Beispiele für die neu eingeführten Schockbilder
  Dokumentennummer der europäischen Kommission: C(2014)7212/F1
  Annex 1
  © Europäische Union, 2015

- Abbildung 6:

  Sponsoring als noch erlaubte Form der Werbung
  https://commons.wikimedia.org/wiki/File:Marlboro-Ferrari.jpg
  Abrufdatum: 31.10.2016

- Abbildung 7:

  Zigarettenwerbung am Straßenrand
  https://commons.wikimedia.org/wiki/File:BILLBOARDS_CLUTTER_ROADSIDE_-_NARA_-_543730.tif
  Abrufdatum: 31.10.2016

- Abbildung 8:

  Symbolisierung von Freiheit mit Zigarettenwerbung
  https://commons.wikimedia.org/wiki/File:Pioneer_Zephyr_Camel_Cigarettes_ad_Popular_Science_November_1934.jpg
  Abrufdatum: 31.10.2016

8. Anhang

Inhalt:

- Umfragebogen
- Elternbrief
- Anschreiben an die Realschule
- Diagramme der durchgeführten Umfrage

Umfrage zum Rauchverhalten von Schülern

Bitte beantworten Sie die Fragen ehrlich, indem Sie die Felder bzw. die Zeilen entsprechend ankreuzen/ausfüllen. Mehrfachnennungen sind möglich. Die Ergebnisse werden anonymisiert behandelt.

1. Bitte geben Sie ihr Geschlecht an

   O weiblich   O männlich

2. Welche Schule besuchen Sie?

   O Mittelschule   O Gymnasium

   O Realschule   O FOS

3. Welche Klassenstufe besuchen Sie?

   O 7   O 9   O 11

4. Wie würden Sie sich selbst einschätzen?

   O Raucher/in   O Nichtraucher/in

5. Wie alt waren Sie als Sie Ihre erste Zigarette geraucht haben?

   ______ Jahre

6. Rauchen Ihre Eltern?

   O Ja   O Nein

7. Rauchen Ihre Geschwister?

   O Ja   O Nein

8. Warum haben Sie angefangen zu rauchen?

   O Stress

   O Langeweile

   O Rebellion gegen Vorbilder (z.B. Eltern)

   O Ihre Freunde rauchen auch

   O schlechte Vorbilder (z.B. Eltern/Freunde/Filme)

   andere: ______________________________

9. Warum rauchen Sie nicht?

   O Sie haben nie angefangen

   O zu teuer

   O gesundheitliche Gründe / Warnhinweise schrecken Sie ab

   O Zigaretten schmecken Ihnen nicht

   O als Raucher/in wären Sie Außenseiter/in in Ihrem Freundeskreis

   andere: ______________________________

10. Wie schätzen Sie Ihren Freundeskreis ein?

   O hauptsächlich Raucher/innen

   O Mischung aus Raucher/innen und Nichtraucher/innen

   O hauptsächlich Nichtraucher/innen

11. Wie gut aufgeklärt sind Sie über die Risiken des Rauchens?

   O sehr gut   O mangelhaft

   O gut   O sehr mangelhaft

12. Wie schätzen Sie die Shisha/Wasserpfeife ein?

   O genauso ungesund wie Zigaretten

   O ungesünder als Zigaretten

   O gesunde Alternative zur Zigarette

   O coolere/gesellschaftlichere Alternative zur Zigarette

13. Wie viele Zigaretten rauchen Sie am Tag?

   ______ Zigaretten

14. Wie oft rauchen Sie Zigaretten?

   O nie

   O gelegentlich (ca. 1-10 Zigaretten pro Monat)

   O häufig (ca. 1-10 Zigaretten pro Woche)

   O täglich (ca. 1-10 Zigaretten pro Tag)

15. Wo rauchen Sie vor allem?

   O Zuhause

   O vor/nach/während der Schule

   O in der Freizeit

   O wenn Sie alleine sind

   O wenn Sie in Gesellschaft sind / Partyraucher

   O vor/nach/während einer Mahlzeit

   andere: ______________________________

16. Meistens rauchen Sie wenn...

   O ...Sie aufgeregt sind.

   O ...Sie auf jemanden warten.

   O ...Sie sich über etwas ärgern.

   O ...Ihnen langweilig ist.

   O ...Sie Hunger haben.

   andere: ______________________________

17. Haben Sie schon mal von E-Zigaretten/E-Shisha gehört?

   O Ja

   O Nein

18. Haben Sie schon mal E-Zigaretten/E-Shisha ausprobiert?

   O Ja

   O Nein

19. Rauchen Sie E-Zigaretten/E-Shisha regelmäßig?

   O Ja

   O Nein

20. Möchten Sie mit dem Rauchen aufhören?

   O Ja

   O Nein

21. Haben Sie versucht mit dem Rauchen aufzuhören?

   O Ja

   O Nein

22. Schrecken die Warnhinweise der Verpackungen Sie ab?

   O Ja

   O Nein

Sehr geehrte Eltern,

im Rahmen meines Wissenschaftspropädeutischen Seminars (kurz: W-Seminar) des Staatlichen Gymnasiums Friedberg ist eine Umfrage zum Rauchverhalten von Schülern geplant. Diese findet im Einverständnis mit der Schulleitung Ihres Kindes statt und wird in **anonymisierter Form** durchgeführt. Außerdem werden sämtliche Fragebögen nach Abschluss meiner Seminararbeit **vernichtet.**

Das W-Seminar ist einem bestimmten Fachgebiet (hier: Biologie) zugeordnet und behandelt ein vorher festgelegtes Rahmenthema ("Verhalten"). Dabei sollen die Grundlagen des wissenschaftlichen Arbeitens vermittelt werden. Jeder Schüler muss innerhalb dieses Rahmenthemas eine Seminararbeit erstellen. In meinem Fall handelt es sich dabei um eine **"Vergleichende Analyse der Rauchgewohnheiten von Schülern"**, wobei die Durchführung einer Umfrage zur Erfassung des Verhaltens im Mittelpunkt steht, differenziert nach Klassenstufe, Geschlecht und Form des Zigarettenkonsums.

Die geplante Umfrage findet während eines Schulalltages Ihres Kindes, voraussichtlich am **XX.XX.XXXX** statt. Deswegen bitte ich Sie höflich, Ihre Zustimmung zur Befragung Ihres Kindes zu geben. Bitte füllen Sie dafür den Anhang aus und geben sie die Einverständniserklärung Ihrem Kind mit. Liegt keine Einverständniserklärung am Tag der Umfrage vor, wird angenommen, dass kein Einverständnis erteilt wurde und Ihr Kind wird nicht befragt werden. Bei Rückfragen können Sie mich unter der e-Mail Adresse moritz3braun@aol.com erreichen.

Mit freundlichen Grüßen

Moritz Braun, Q11

-------------------------- Bitte abtrennen --------------------------

EINVERSTÄNDNISERKLÄRUNG

Den Elternbrief zur Umfrage zum Rauchverhalten von Schülern im Rahmen des W-Seminars haben wir von

unserer Tochter / unserem Sohn .... Klasse ....
erhalten.

Bitte Ankreuzen:

Wir stimmen der **anonymen** Umfrageteilnahme unseres Kindes

☐ zu.

☐ nicht zu.

....

Ort, Datum Unterschrift eines Erziehungsberechtigten

Abgabe der Empfangsbestätigung am Tag der Umfrage, den **XX.XX.XXXX**

Moritz Braun Friedberg, den 02.06.2016

Konradin Realschule

Durchführung einer vergleichenden Analyse der Rauchgewohnheiten von Schülern

Sehr geehrter Herr O,

mein Name ist Moritz Braun, derzeit bin ich Schüler der Q11 des Staatlichen Gymnasiums Friedberg. Im Rahmen des W-Seminars verfasse ich gerade meine Seminararbeit. Die Grundlage meiner Arbeit im Fach Biologie ist die Durchführung einer vergleichenden Analyse der Rauchgewohnheiten von Schülern verschiedener Klassenstufen und Schulformen an Friedberger Schulen. Hierbei sollen jeweils drei Klassen der siebten, neunten und elften Jahrgangsstufe der jeweiligen Schule zu ihrem Umgang mit Zigaretten befragt werden. Dies findet natürlich in anonymisierter Form statt, die Fragebögen werden nach dem Abschluss der Arbeit vernichtet. Der Fragebogen umfasst 22 Fragen, welche die Motive und Verhaltensweisen von rauchenden beziehungsweise nichtrauchenden Jugendlichen untersuchen. Diese Umfrage wird dann von mir differenziert nach Klassenstufe, Geschlecht und Schulform ausgewertet und mit offiziellen Studien verglichen. Den Bogen können Sie im Anhang einsehen.

Hiermit möchte ich Sie freundlich bitten, es mir zu ermöglichen, an Ihrer Schule diese Umfrage durchzuführen. Für Ihr Einverständnis wäre ich sehr dankbar. Da es sich bei den Befragten größtenteils um Minderjährige handelt, muss vor der Umfrage das Einverständnis der Eltern eingeholt werden. Als Anhang finden Sie einen deshalb einen Elternbriefentwurf, welcher von meinem Schulleiter Herrn OStD Dr. G. bereits genehmigt worden ist. Änderungswünsche können Sie selbstverständlich einbringen.

Mir ist natürlich bewusst, dass die betroffenen Lehrkräfte einen Teil ihrer Unterrichtszeit einbüßen müssten, jedoch hoffe ich, dass dies gegen Ende des Schuljahres nicht allzu schlimm ist.

Vielen Dank für Ihre Hilfe in dieser Angelegenheit. Ich würde mich freuen, bald von Ihnen zu hören, um weitere Details abzusprechen. Für weitere Informationen stehe ich Ihnen gerne unter der E-Mail Adresse moritz3braun@aol.com zur Verfügung.

Mit freundlichen Grüßen,

Moritz Braun

Diagramme und Tabellen der durchgeführten Umfrage

Auswertung nach Geschlecht:

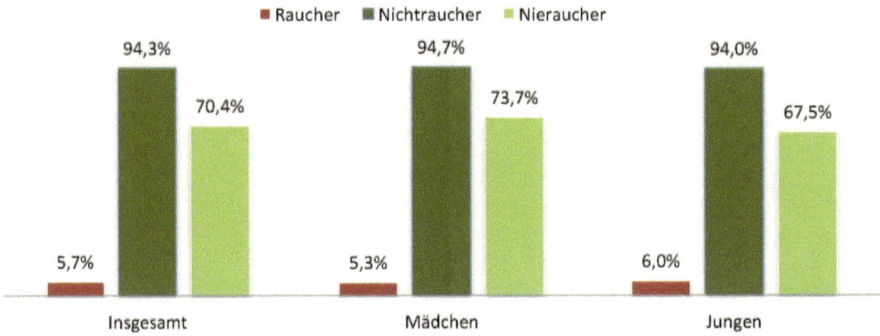

Diagramm 1: Raucher/Nichtraucher/Nieraucher Verteilung

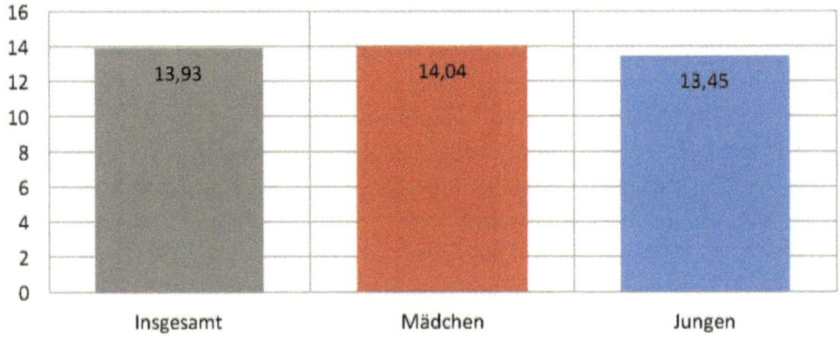

Diagramm 2: Durchschnittliches Alter der ersten Zigarette in Jahren

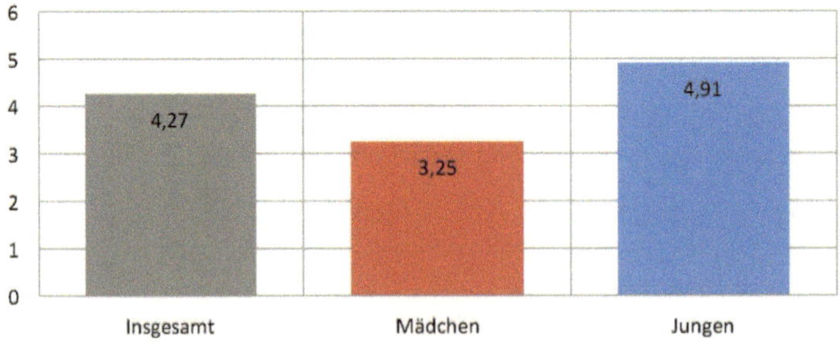

Diagramm 3: Durchschnittliche Stückzahl an gerauchten Zigaretten pro Tag

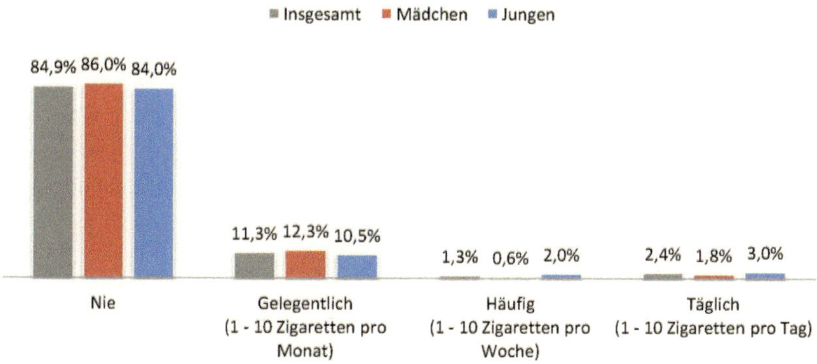

Diagramm 4: Häufigkeit und Ausprägung des Zigarettenkonsums

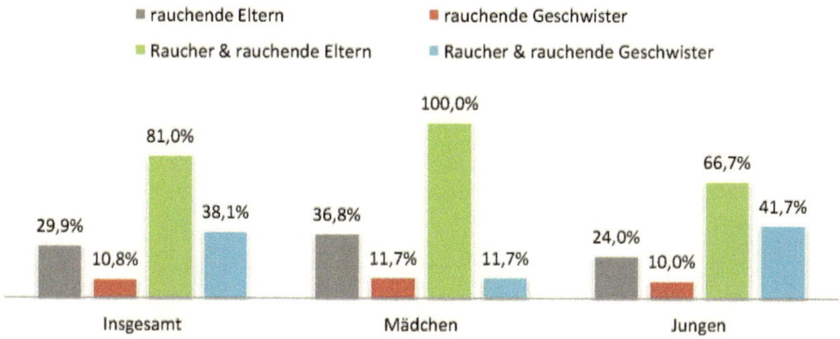

Diagramm 5: Anteil der Raucher in der Verwandtschaft

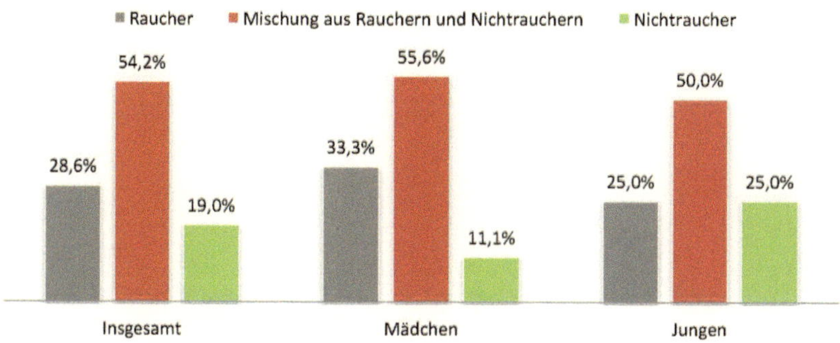

Diagramm 6: Zusammensetzung des Freundeskreises der rauchenden Befragten

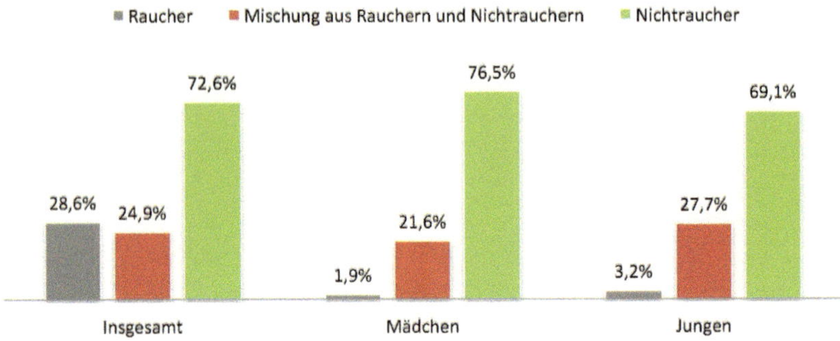

Diagramm 7: Zusammensetzung des Freundeskreises der nichtrauchenden Befragten

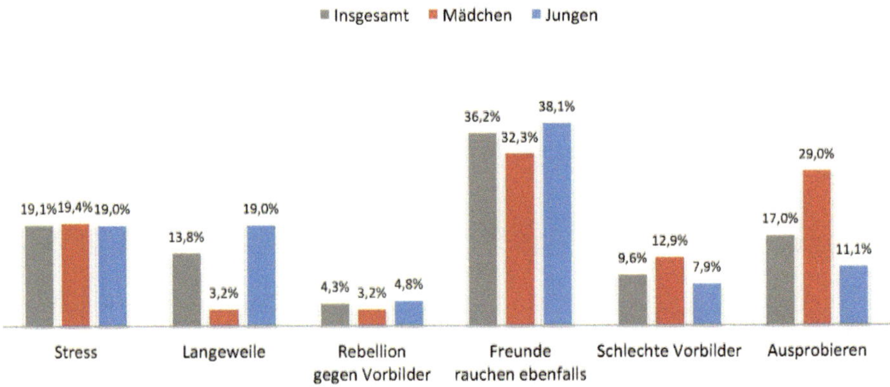

Diagramm 8: Prozentuale Verteilung der Einstiegsgründe zum Rauchen

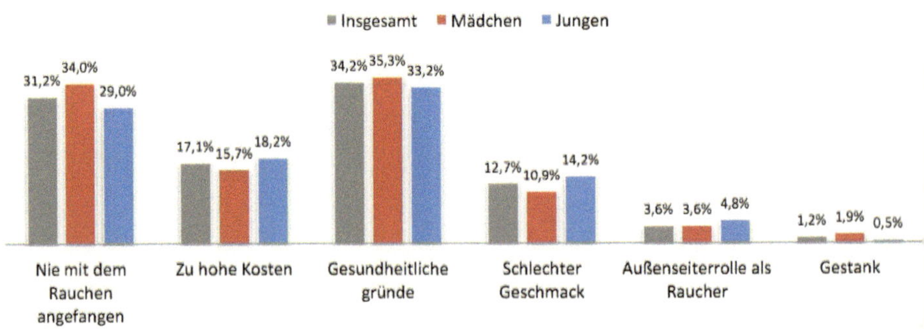

Diagramm 9: Prozentuale Verteilung der Gründe Nichtraucher zu sein

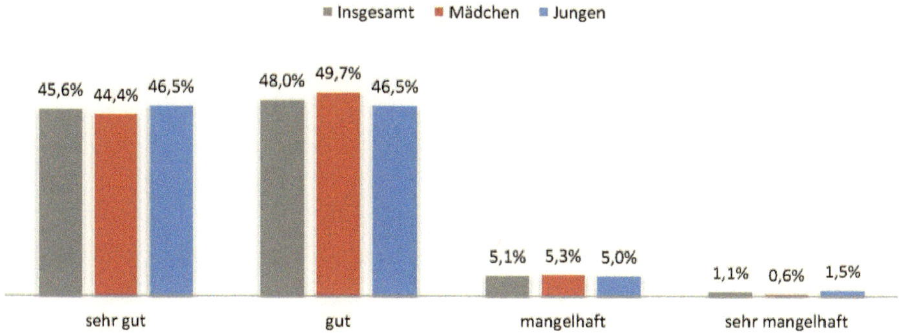

Diagramm 10: Qualität der Aufklärung der Jugendlichen

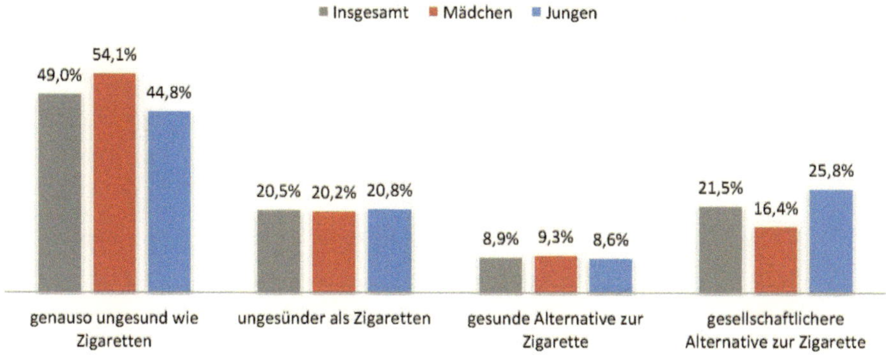

Diagramm 11: Einschätzung der Shisha durch die Befragten

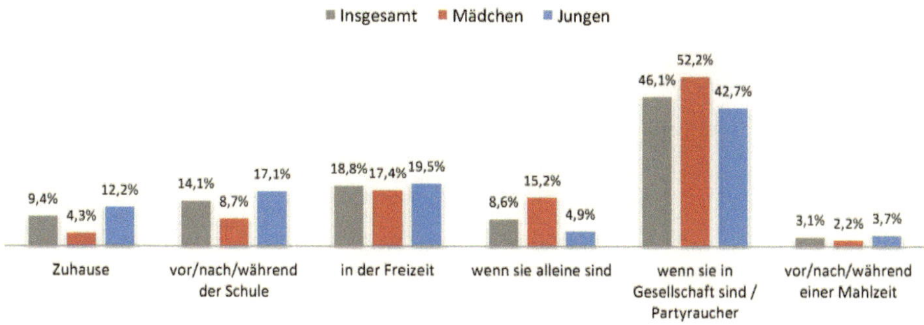

Diagramm 12: Bevorzugte Orte / Zeitpunkte für den Zigarettenkonsum

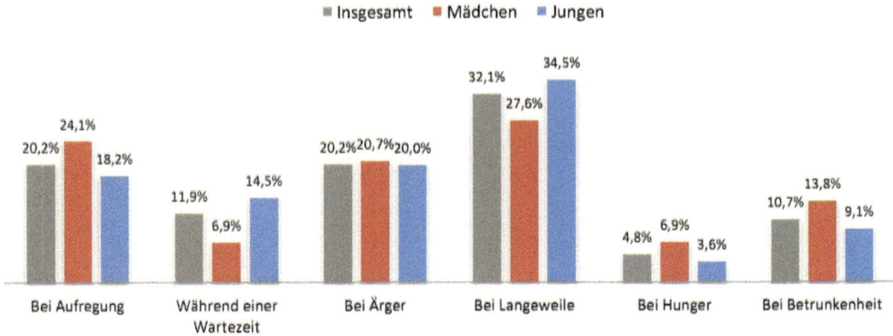

Diagramm 13: Auslösende Stimmungen für den Zigarettenkonsum

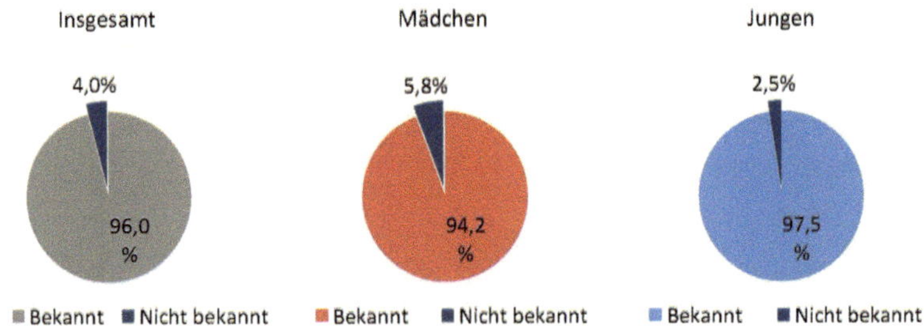

Diagramm 14: Bekanntheit der E-Zigarette beziehungsweise E-Shisha

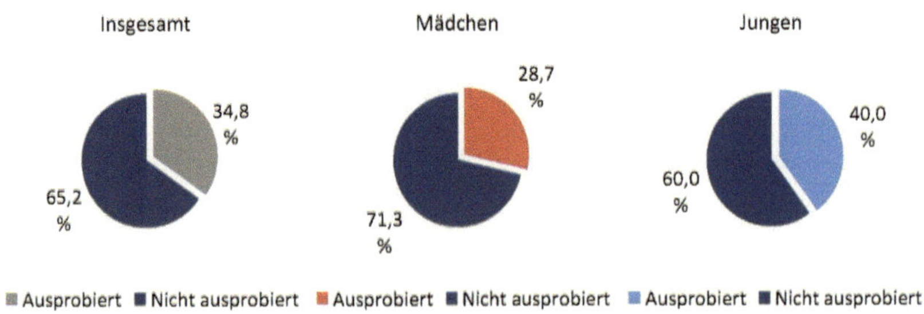

Diagramm 15: Prozentualer Anteil der Befragten, die schon mal eine E-Zigarette beziehungsweise E-Shisha ausprobiert haben.

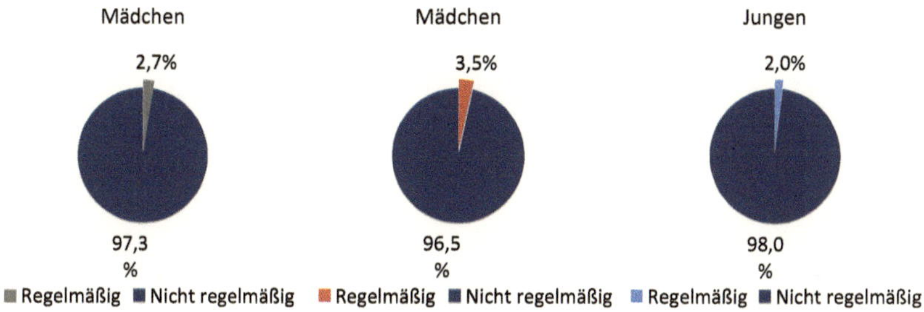

Diagramm 16: Prozentualer Anteil regelmäßiger Konsumenten der E-Zigarette beziehungsweise E-Shisha

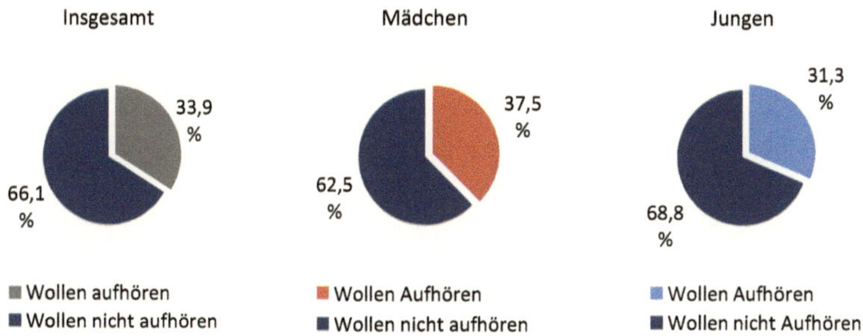

Diagramm 17: Prozentualer Anteil derer, die mit dem Rauchen aufhören wollen

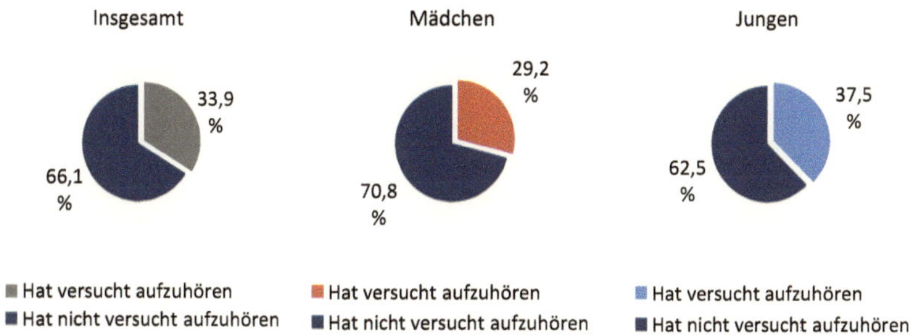

Diagramm 18: Prozentualer Anteil derer, die versucht haben, mit dem Rauchen aufzuhören

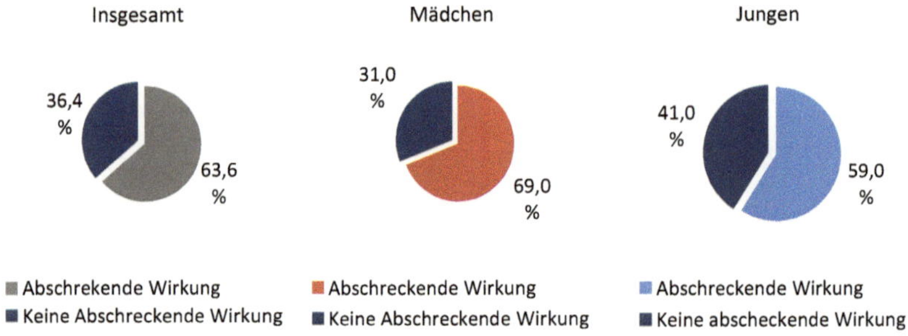

Diagramm 19: Prozentualer Anteil derer, die Warnhinweise abschreckend finden

Auswertung nach Schulform:

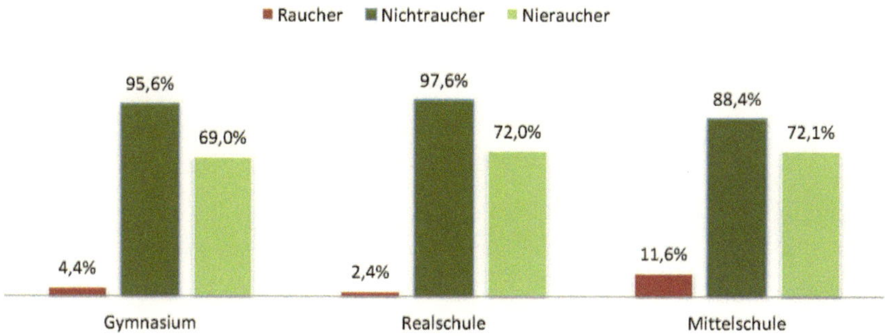

Diagramm 20: Raucher/Nichtraucher/Nieraucher Verteilung

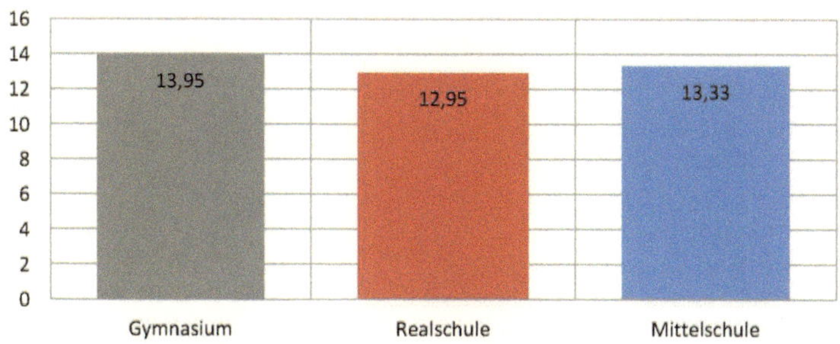

Diagramm 71: Durchschnittliches Alter der ersten Zigarette in Jahren

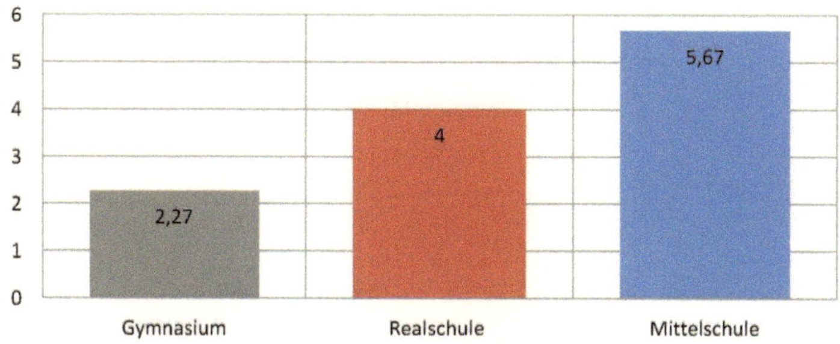

Diagramm 22: Durchschnittliche Stückzahl an gerauchten Zigaretten pro Tag

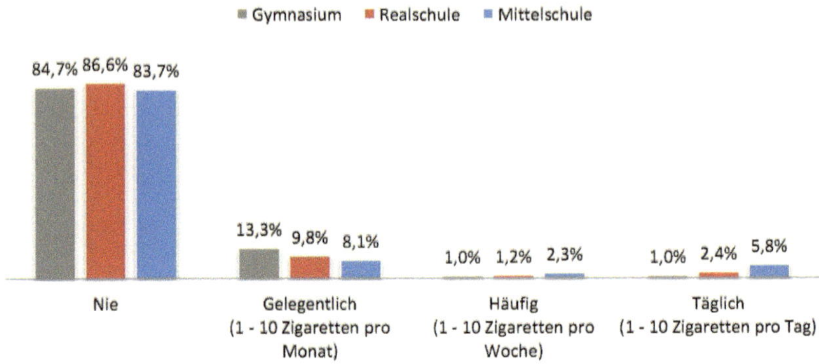

Diagramm 23: Häufigkeit und Ausprägung des Zigarettenkonsums

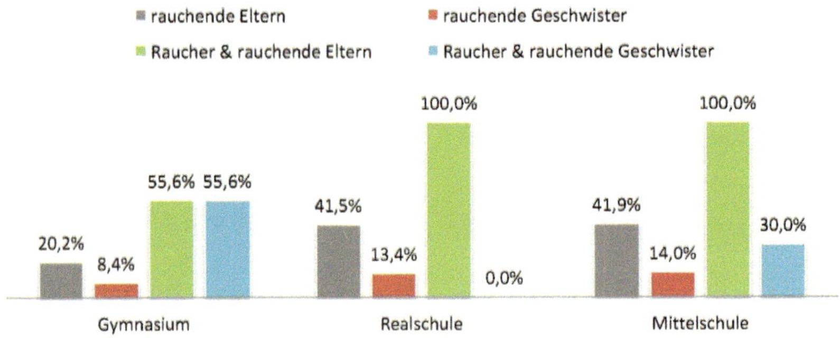

Diagramm 24: Anteil der Raucher in der Verwandtschaft

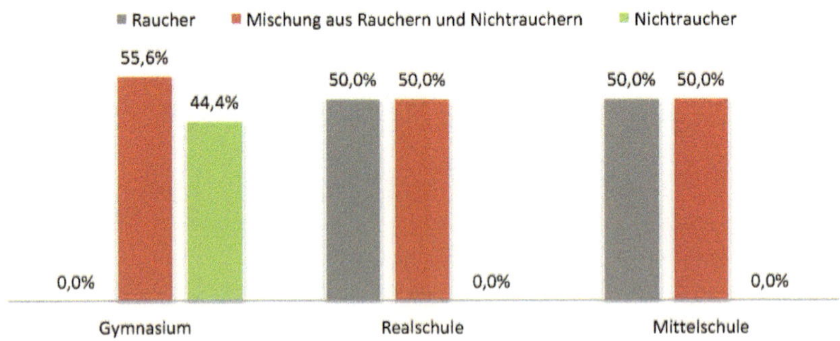

Diagramm 25: Zusammensetzung des Freundeskreises der rauchenden Befragten

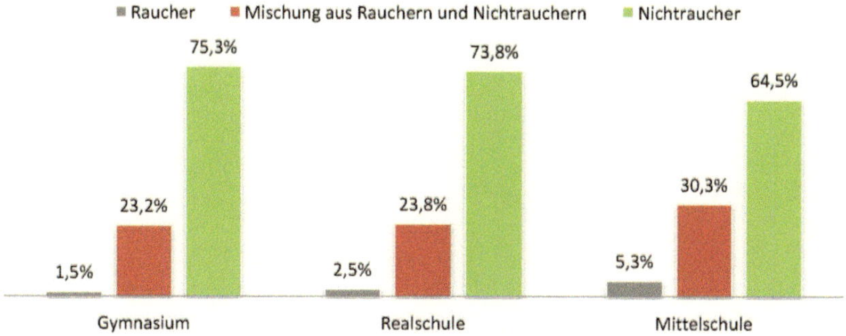

Diagramm 26: Zusammensetzung des Freundeskreises der nichtrauchenden Befragten

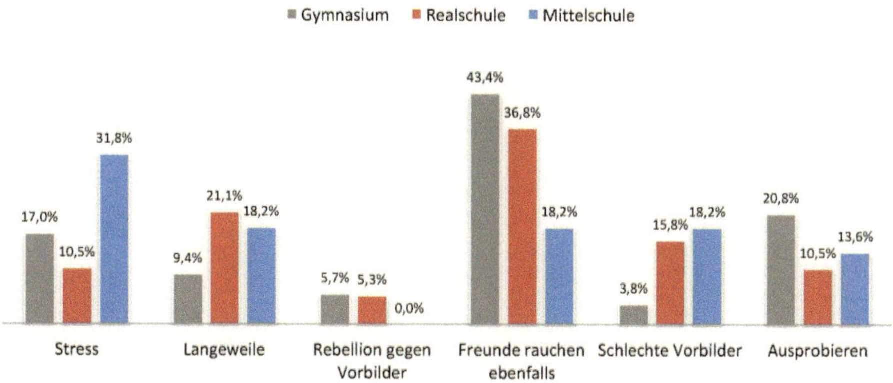

Diagramm 27: Prozentuale Verteilung der Einstiegsgründe zum Rauchen

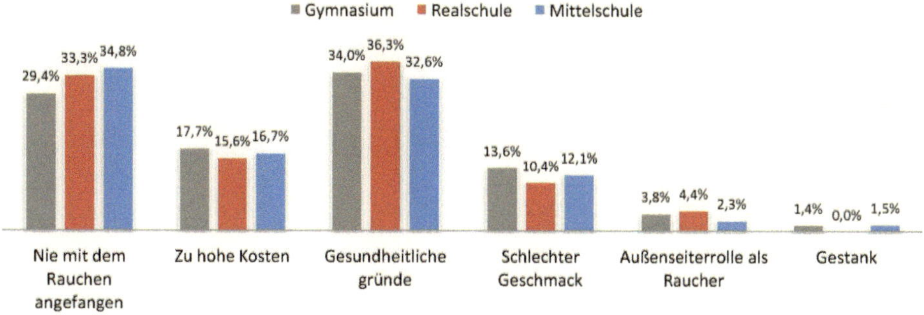

Diagramm 28: Prozentuale Verteilung der Gründe Nichtraucher zu sein

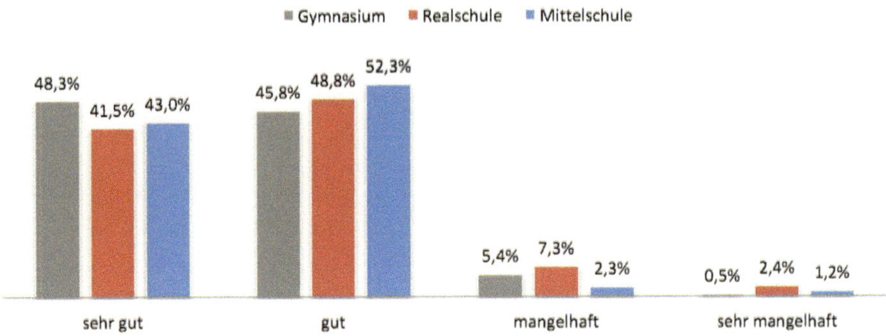

Diagramm 29: Qualität der Aufklärung der Jugendlichen

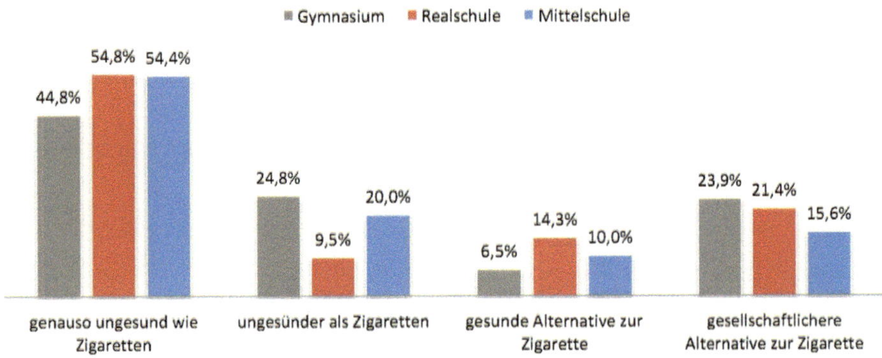

Diagramm 30: Einschätzung der Shisha durch die Befragten

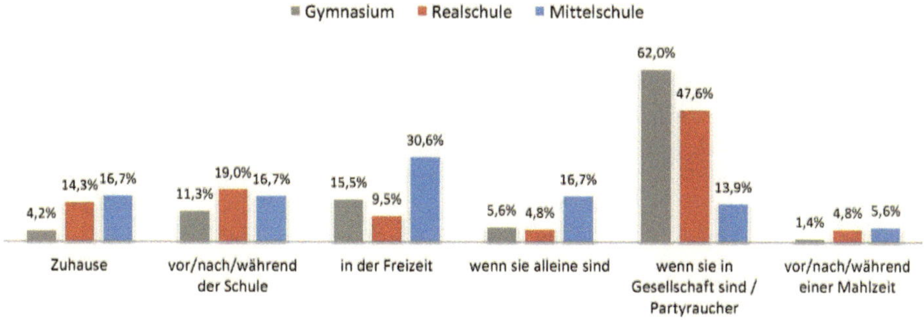

Diagramm 31: Bevorzugte Orte / Zeitpunkte für den Zigarettenkonsum

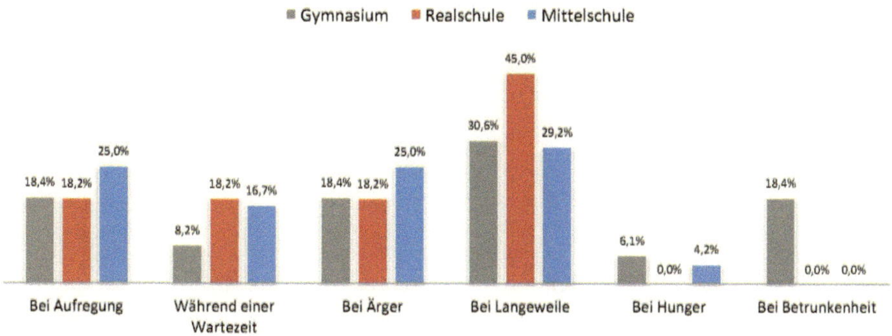

Diagramm 32: Auslösende Stimmungen für den Zigarettenkonsum

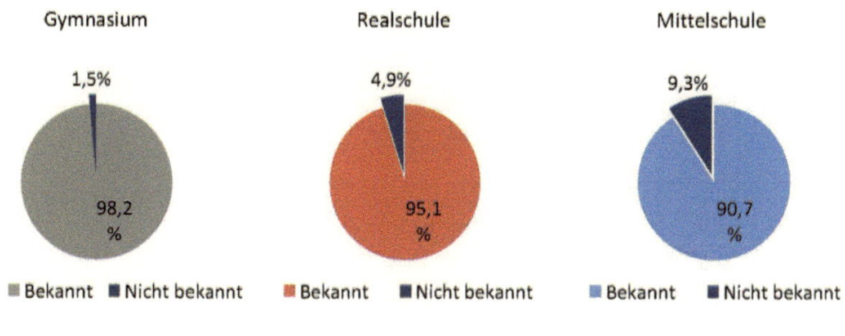

Diagramm 33: Bekanntheit der E-Zigarette beziehungsweise E-Shisha

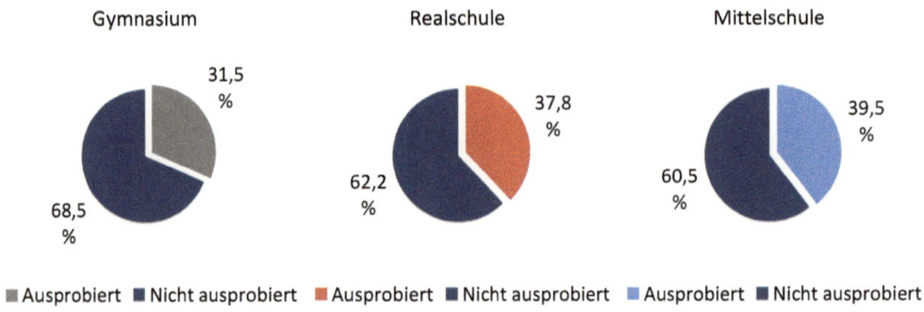

Diagramm 34: Prozentualer Anteil der Befragten, die schon mal eine E-Zigarette beziehungsweise E-Shisha ausprobiert haben.

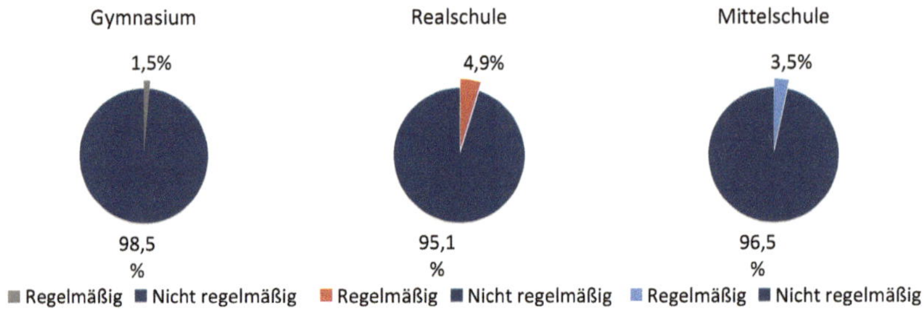

Diagramm 35: Prozentualer Anteil regelmäßiger Konsumenten der E-Zigarette beziehungsweise E-Shisha

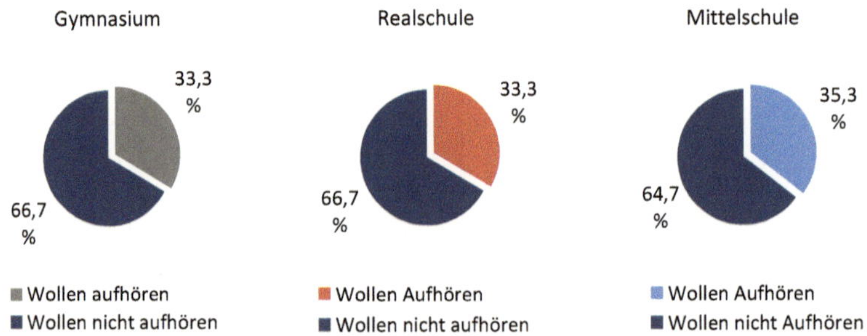

Diagramm 36: Prozentualer Anteil derer, die mit dem Rauchen aufhören wollen

Diagramm 37: Prozentualer Anteil derer, die versucht haben, mit dem Rauchen aufzuhören

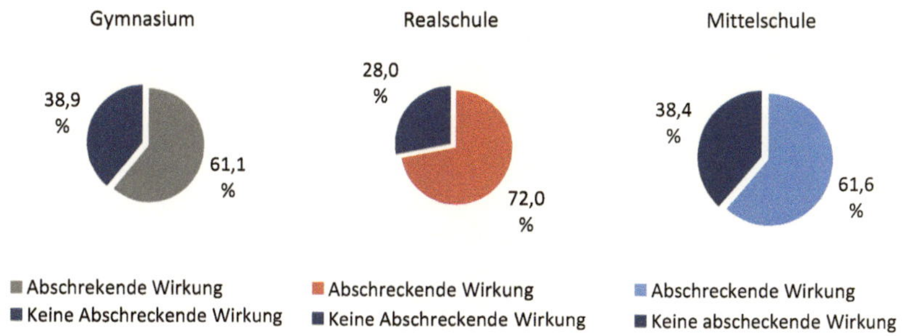

Diagramm 38: Prozentualer Anteil derer, die Warnhinweise abschreckend finden

Auswertung nach Klassenstufe:

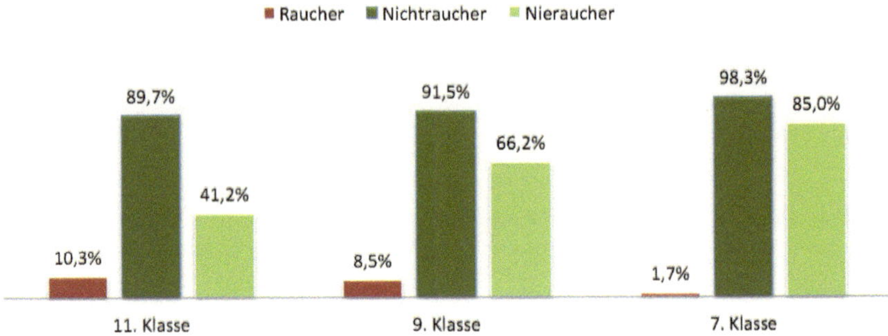

Diagramm 39: Raucher/Nichtraucher/Nieraucher Verteilung

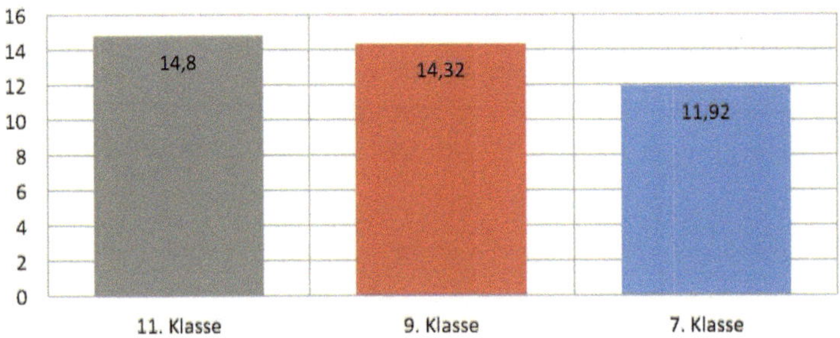

Diagramm 40: Durchschnittliches Alter der ersten Zigarette in Jahren

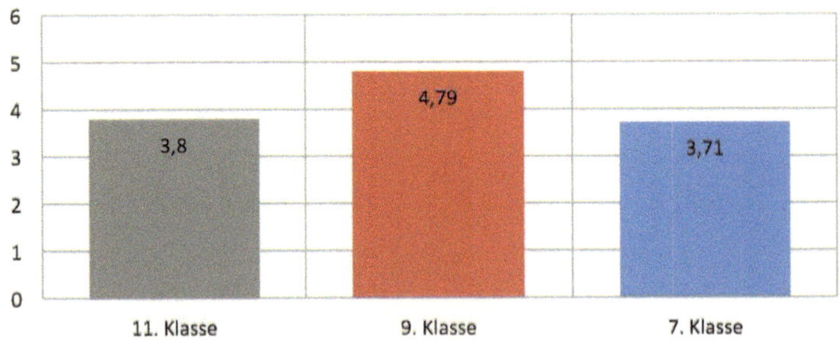

Diagramm 41: Durchschnittliche Stückzahl an gerauchten Zigaretten pro Tag

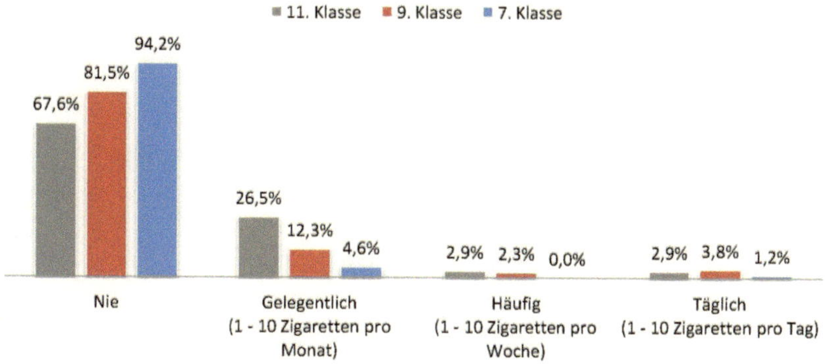

Diagramm 42: Häufigkeit und Ausprägung des Zigarettenkonsums

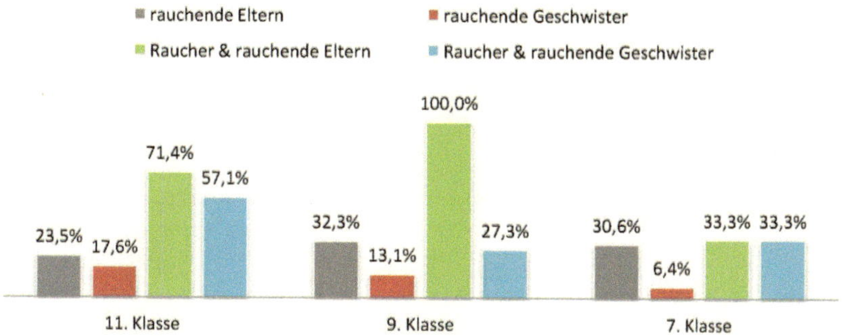

Diagramm 43: Anteil der Raucher in der Verwandtschaft

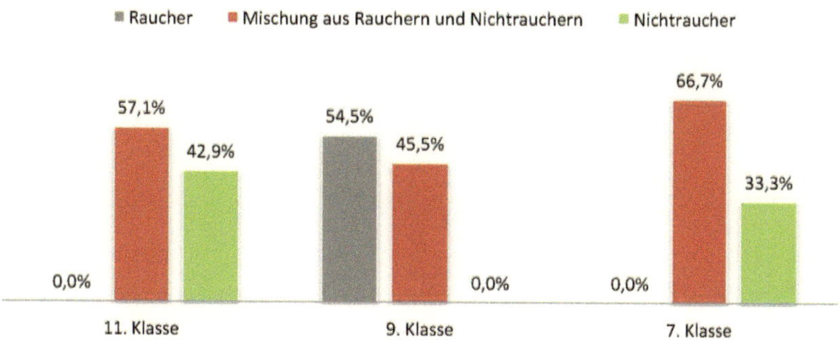

Diagramm 44: Zusammensetzung des Freundeskreises der rauchenden Befragten

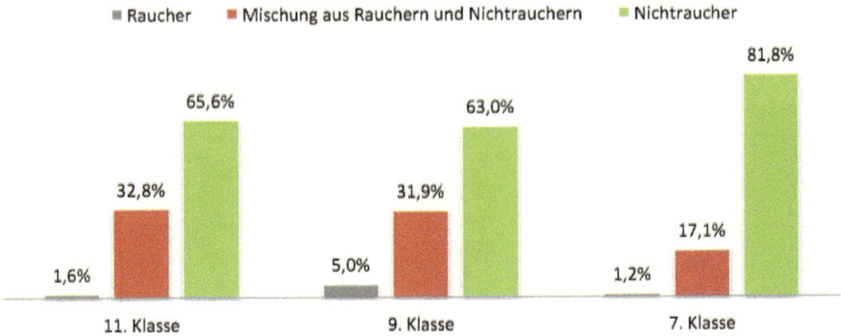

Diagramm 45: Zusammensetzung des Freundeskreises der nichtrauchenden Befragten

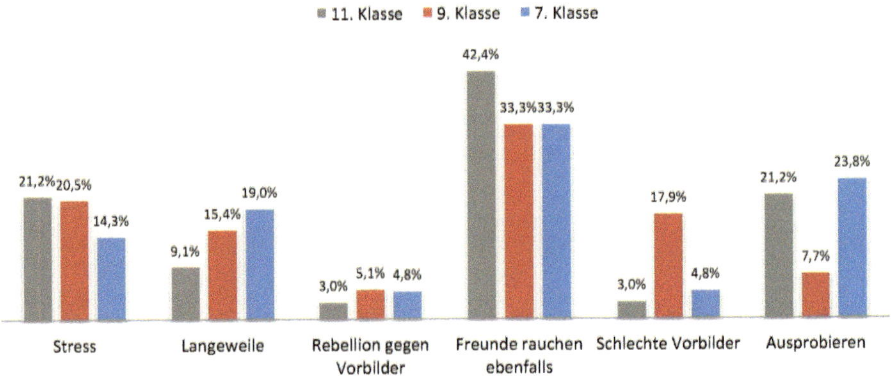

Diagramm 46: Prozentuale Verteilung der Einstiegsgründe zum Rauchen

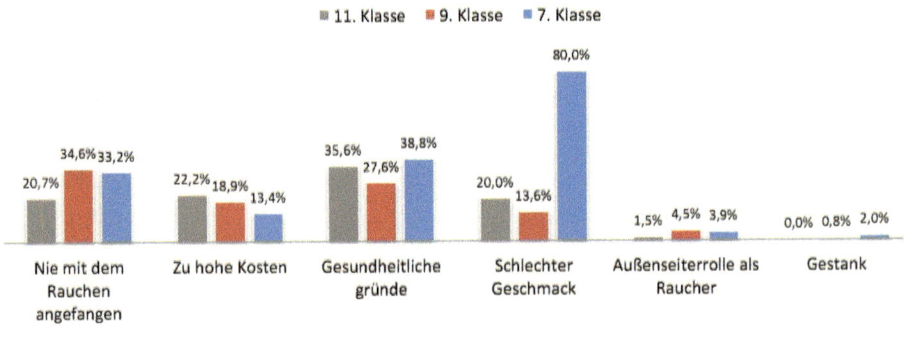

Diagramm 47: Prozentuale Verteilung der Gründe Nichtraucher zu sein

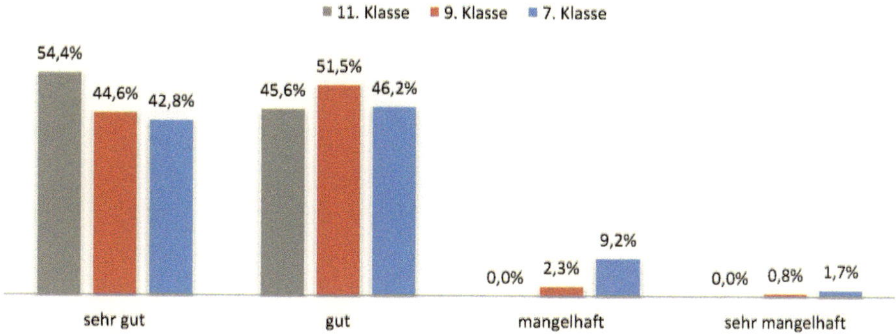

Diagramm 48: Qualität der Aufklärung der Jugendlichen

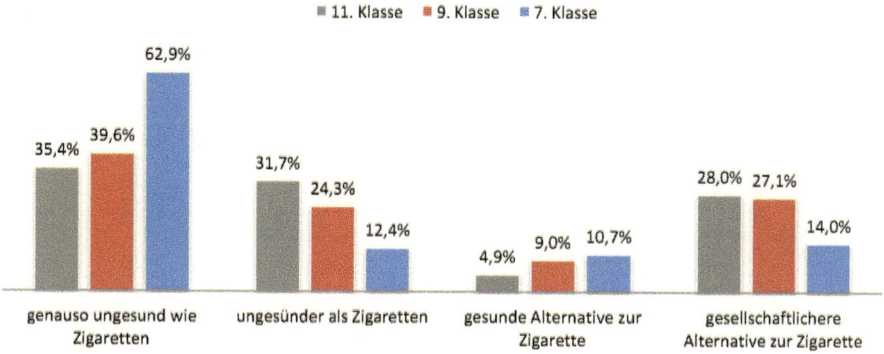

Diagramm 49: Einschätzung der Shisha durch die Befragten

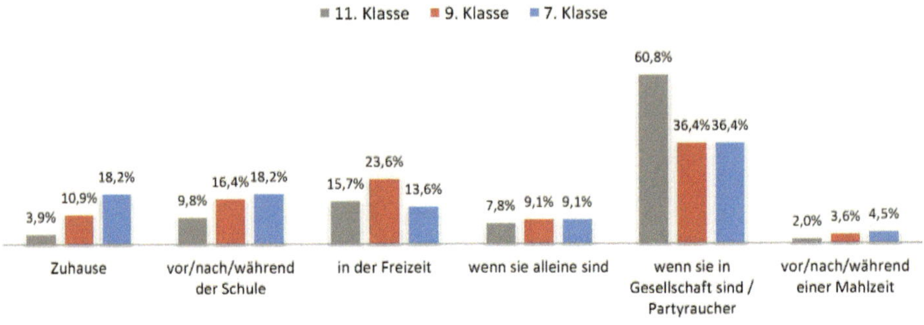

Diagramm 50: Bevorzugte Orte / Zeitpunkte für den Zigarettenkonsum

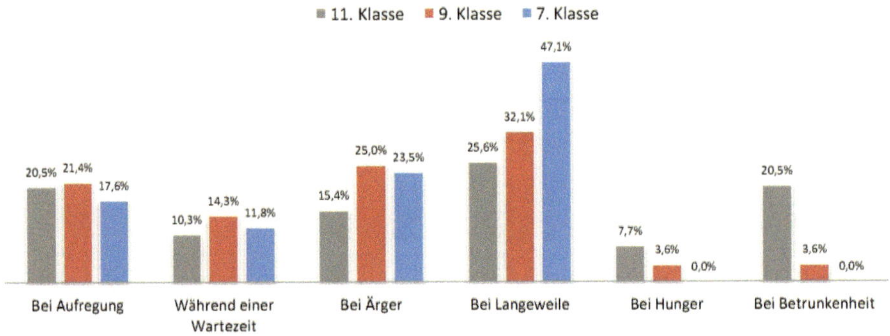

Diagramm 51: Auslösende Stimmungen für den Zigarettenkonsum

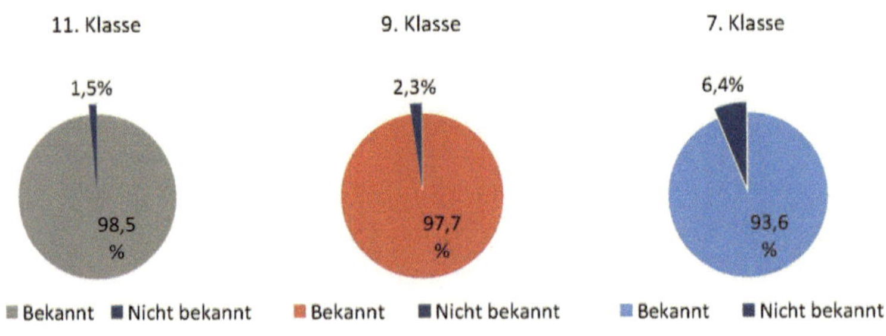

Diagramm 52: Bekanntheit der E-Zigarette beziehungsweise E-Shisha

Diagramm 53: Prozentualer Anteil der Befragten, die schon mal eine E-Zigarette beziehungsweise E-Shisha ausprobiert haben.

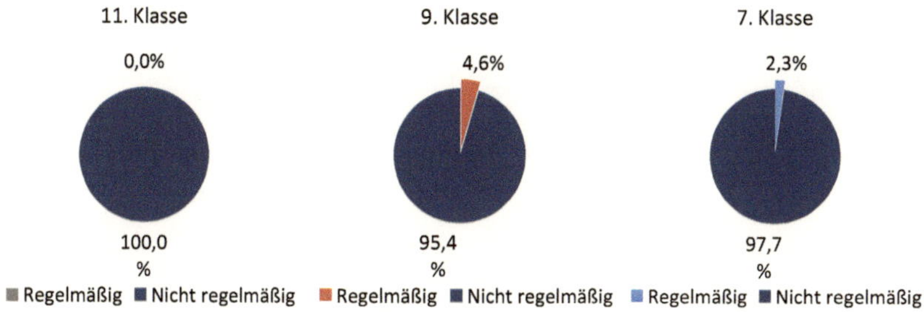

Diagramm 54: Prozentualer Anteil regelmäßiger Konsumenten der E-Zigarette beziehungsweise E-Shisha

Diagramm 55: Prozentualer Anteil derer, die mit dem Rauchen aufhören wollen

Diagramm 56: Prozentualer Anteil derer, die versucht haben, mit dem Rauchen aufzuhören

Diagramm 57: Prozentualer Anteil derer, die Warnhinweise abschreckend finden